讓生命潛能 帶你探索心靈世界的真、善、美
Life Potential Publishing Co., Ltd

歐林光的智

Orin serie

創造金錢

運用磁力彰顯財富的技巧

Creating Money

上冊

Sanaya Roman & Duane Packer◆

沈友娣◆譯

目錄

創造金錢（上冊）

創造金錢（下冊）

推薦序——

做你所愛

王季慶

本書作者的第一本書《喜悅之道》是我引介至國內的。譯出之後吸引和擁有了一大批忠實的讀友，甚至傳送到大陸，點燃了「新時代運動」的火苗。而作者一系列著作的第二本，直截了當地稱為《創造金錢》。也許有些人會以為，新時代大師之一的「歐林」，為什麼流於凡俗和物質主義？其實，那是一般世俗對富有本質的偏見，很可惜，抱此認知便會因此貧乏一生。

書中對「富有」的定義是：擁有足夠的財富去完成你的人生志業。過猶不及，有適當數量金錢的人，不會被太多財產所拖累，他們不會把最該投入人生志業的時間和能量，用來取得或照顧他們的物質資產；他們也不會沒有錢，因而必須花很多時間和能量來求生存。

從這個角度來了解金錢和富有的價值，便是本書給讀者最大的啓發。讀這本書令我獲益匪淺，充滿喜悅，因為它填補了所謂出世靈修和入世生活之間我們所以為的鴻溝，也確實可以「以出世的心過入世的生活」。畢竟，我們要了解自己，別讓任何匱乏——金錢、精力、愛——成為我們必須與之爭戰的焦點，而能從容認識和感受自己身為人是所為何來，隨之追隨你的至樂，做你所愛，最終獲得成功。因為「成功的定義不在金錢，在快樂。成功的本質在自愛、自尊及完成自我的價值」。

歐林教我們：「直接追求有錢後你想擁有的行為、生活品質和心境，不必等先賺了錢。錢無法使生命課題和問題自動消失。你內在的需求若是沒能滿足，那麼，即便擁有再多的錢，你仍然會覺得不夠。」這就是和一般只追求財富而沒顧及內心深刻的需求大不相同之處。他要我們先辨別——金錢能滿足你哪種深層的需求，以及自己想要更常經驗的較高品質，然後就可以開始透過許多方法滿足你的那些需求，以及展現出那些品質。所以，金錢並非我們追求的最終目標，而是，當我們了解宇宙間能量流動的原理，感受到自己哪個地方能量是堵塞的，哪個地方自己吝於付出，哪個地方又愧於接受，接著轉換我們的信念，再藉信念創造出新的豐盛，財富乃成為自然的副產品。

多年來和各色各樣的人接觸，有一種人是一心追求靈性的成長，而潛意識上對金錢有負面的感受，覺得不合清高的形象，於是長年無法擺脫匱乏。還有一般大眾是只焦慮個人就業、收入等等現實的問題，總是為了獲得一些安全感，而無法放手跟隨自己的興趣和才能，這兩種人都能從《創造金錢》書中找到解答。讀歐林的書有個好處，它不只淺顯易懂，舉例生活化，並且在以新的、更深刻的、內在的說法，令你了解宇宙運行的法則之後，又教你許多實用的觀想方法，使你可以循序漸近地開創未來。

那麼，讓我再以歐林的一句話結束本文：當你對周圍的世界做有意義的貢獻，那些回送給你的能量會勝於金錢的回饋，因為它讓你的靈性成長、心門打開、慈悲增加，並活出珍貴有益的人生。

王季慶

・中華新時代協會創辦人，翻譯及引介賽斯資料、與神對話系列至國內

推薦序——

畫出豐盛的生命圖像

「宇宙間存在著眞實的豐富，而這豐富是屬於每一個人的。」

——歐林

這不是一本人寫的書，是靈寫的，來自宇宙高靈歐林的通靈教誨。以人類充滿邏輯智性的頭腦，要相信這個事實並不容易，但是從整本書所散發的啓示，卻充滿著超越人類思考的靈性智慧，以及生命真理。

「你相信什麼，就會創造出什麼」，本書環繞著這個核心思想，從頭到尾闡釋著一個主題——每個人就是自己的創造源頭。從第一章開宗明義，闡明每一個人都是創造大師，金錢與豐富的源頭是每個人自己，任何人都能夠掌控運用感受、思想與意圖，創造出任何自己所要的豐足。

這是一個不受限制、沒有邊界，任何事都有可能的世界。人如果信任自己，允許自己擁有想要的一切，就可能成就一切，如歐林所說：「最強力、最有效的創造工具，是想像力，思想決定外在。」但是這個能夠創造實踐的思想，能創造成功豐富，也可能創造失敗匱乏，端看你選擇如何想。從每天無由的天災人禍，以及說不出道理的無常悲喜遇合中，人們真的很難在碎片斷續的遭遇中，相信富足的可能，並且接受自己是一切困頓事因的肇始者，承認自己就是創造出這些衝突痛苦的源頭。

隱藏在潛意識下的憂慮懷疑，常常使我們落入憂懼之中。但是與生俱來的，在每日來來去去的千萬個念頭裡，人總是在正負、喜怒、愛恨、喜悅與恐懼的兩極情感中擺盪，即使我們知道每一個念頭都在創造自己生命的現實，也很難維持停格在正面的創造思考中。好比計畫到台北，一會兒開向北上的高速公路，一會兒開向南，如果一直在兩個反方向上徘徊，可能永遠達不到目的地。人的心念必須經過鍛鍊才能專注，必須經過用心刻意的審查檢視，使得負責創發的心念，能夠時時保持敏感的覺察，警醒的將心念對焦在美好的意圖之上。

豐足絕對是每一個人的天賦權利，也是自己的選擇，光是信任這一個觀念，豐足的因子已經存在，豐盛必然伴隨而來。因此願意真正為自己人生的際遇負起全責，徹底的從改變自我信念來改變現實的際遇，這是生命回歸改變的開始，但靈修的路上最大的困境，在於「知道」並不等於「明白」。

這些創造的真理我們或許早已知道，也完全能接受並信任，但是信念的轉換，必須經過反覆鍛鍊才能成功，否則很容易落入日常的思考慣性，所以在本書每一個篇章之後的練習課程非常重要，只有透過練習再練習，才能夠學會掌握彰顯的力量。

彰顯是一種磁化內在觀念、願景及夢想的方法，本書將「思想」比喻成「磁鐵」，磁鐵向外吸引與內在想法相符合的物質實現，讓抽象的想像化成具體的事實。因此，在創造之始，是先想，先在心中勾畫出圖像，運用想像力，讓心像視覺化，讓心中的圖片出現未來理想的景象，愈是能夠將畫面想像得真實精確，就愈容易在現實中創造出來。

弔詭的是，所有最強大、最有力的創造，都是能夠以最高的理想與愛來創造的事，以愛與正面的態度做每一件事最能夠彰顯。

在第十九章中篇首有以下的提示：

我藉由改變自己而改變周圍的世界
我將愛與正面的態度帶進我做的每一件事
我毫不費力地，輕鬆創造想要的一切
我吸引更高的美好，它也吸引我
當我踏上我的道路，宇宙豐盛地供應我

亦即從自己的豐富擴展到每個人都豐富，當思維的範圍和其他的人們串聯，當意願豐足從自身擴大開展地將其他人一起囊括進來，想像每個人都豐足過人生，在我們當中包含了我，含量及流量更大，豐富將會從更寬更廣的路途湧進，因為宇宙的運作就是為了所有人的更大利益。任何我們所致力的事，都能夠對其他人有所助益，這就符合宇宙的本質，當創造符合了這個「愛的宇宙」真理，它即具備強大的能量，整個宇宙都會共同參與祝福，顯化這個符合人類共同豐足理想的創造實踐。

林千鈴

・蘇荷兒童美術館館長

・著有《藝術基因改造》一書。

譯者序——

匱乏源自於心的局限

沈友娣

懷抱著一份感激的心情來寫這篇序，感覺上就像在寫自己「豐富課程」的畢業論文一般……在翻譯的這兩年中，隨著書內每個階段的體驗，一個挑戰接著一個加以克服，至今才真正明白，歐林與達本原本就是要藉由翻譯的機會，教導我豐富的靈性原則及整個金錢與豐富的彰顯過程。

金錢與豐富的靈性原則，我個人認為，概括而言可以用四個英文字母「L、E、E、E」來表示：

第一個L所代表的是Large Picture，亦即一般人所說的「更大的視野、畫面」，它指的是以靈魂及大我的眼界所望出去的畫面，強調的是寬廣與不受限。大我的視野是不受限的，大我的智慧更是超越物質並直指核心，沒有任何人會比大我更了解你生命的道路、更知道你人生的藍圖，在你的內在，你擁有所有的答案，這並非意謂著向他人諮詢或是蒐集資料是多餘的，因為藉由這些方式，你的確可以從中尋找到一些路。然而在這些路當中，只有一條是擁有最多光、也最符合你的生命目的。唯有你的靈魂、大我最清楚是哪一條，因此，你要將最後的決定權留給大我，讓自己內在的智慧來引導你走向那最喜悅、最光明的路（譯注：珊娜雅以及杜安所定義之大我Greater Self：又稱較高自我、靈魂與神的力量、與內在神性相連接的部分、或是較深層的生命部分）。

第個二字母E所代表的就是Essence，也就是事物的核心或是本質，強調的是清晰。大家都知道思想創造實相，事實上，你才是所有一切的本源，經由你自己的思想，你一直都在選擇事物的能量，或者更廣義的說——創造自己的人生。如果在決定創造之前，你能與自己的大我連結，以大我的眼睛來看事情，那麼很容易就能找到核心本質，也會更了解自己想藉由這個彰顯所獲得的品質及能量；若你只在意周遭的反應、社會的價值或是眼前的利益，而不去理會內心真正的感受，那麼很可能就會創造出自己根本不在意的東西，而那東西勢必也無法滿足你的心。

你的心並非真是那麼貪婪，你的渴望也不是那令你沉淪的元兇，真正的原因是因為你不清楚自己要什麼，與其說是欲望令你追逐一生，倒不如說是你的渾沌讓自己的心變得如同黑洞般無法被填滿，同時也使得物質與金錢成為你的貪婪與罪惡。

第三個字母還是E，但這個E代表的是Energy，也就是能量，強調的是穩定、專注。所有事物是先在能量的層面形成，然後才被彰顯成外在物質世界的形式。如果你想要某樣東西，同時也很清楚它能為你帶來的是豐富（或其他品質），那麼就要先去連結豐富的能量，並且穩定專注在這能量上。連結的方法可以透過想像或是一些正面的想法，如此就像是順著河流一樣，只要一直跟著它走，自然就會到達目的地，而這便是歐林與達本在書中所說的到達後所會經驗、融入的品質，也就是那能使你到達的方法。

第四個字母E則是Ease，也就是放鬆、超然的意思，強調的是信任。在你做了所有該做的事之後（連接大我更大的畫面以及力量、清楚自己所要的核心本質、連結了想要的能量），你就要放鬆、要超然、要有信心。只要這件事是符合你的較高善及較高道路的，那麼它便一定會形成，它到來的形式不一定就是根據你所預期的，甚至還會比那更好；如沒有結果，那麼你便需要做些調整，或是再確認自己所想要的……有可能是在思想、心態或方式上需要做些調整，也可能是那樣東西根本就不是你真正想要的，要不然就是它並不符合你的較高善。

不管怎樣，要記得，外在的狀況就如同一份報表，當你對報表所呈現的狀態不盡滿意時，只要去調整產出的方式或是改變加入的原料，就可以彰顯出自己所要的東西。

每個人都能彰顯事物，而實際上也都在彰顯，以往大家是無意識地創造，並把自己親手創造的不滿意，當做是別人的錯、別人的責任，甚至是累世的罪與罰，殊不知那其實只是一種學習，以便讓大家能由其中掌握宇宙的豐富，彰顯出一個為自己滿意的人生。衷心希冀有更多人能和我們一樣受惠，大家一起將豐富的能量回饋給宇宙，如此一來，世界將會有更多人能擁有既豐碩又滿意的人生，而這個宇宙也必然會更加地豐富。

歐林與達本向大家問候！

我們邀請各位來探索你自己和金錢與豐富之間的關連，學習用新的方式與事物打交道。金錢並非只流向某些特定或是天賦異秉之人，在你的內在，你擁有所有的答案，也具備所需的才能，足以讓自己生命的各個區域同時滿足物質與心靈的需求。

你是個有力量、了不起的人，能學習運作自己的能量，以進入宇宙無限的豐富之中。金錢的創造是可以毫不費力的——可以是你生活、思考以及行為方式的一種自然結果。你能吸引來任何你想要的東西，你能明瞭自己摯愛的夢想。這本《創造金錢》就是個創造豐富與金錢的課程，因為單單只創造金錢，並不一定能為你帶來所想要的東西。

我們（歐林與達本）是存在於較高次元的光之靈（Beings of Light），在此，以協助者及靈性老師的身分，就你個人的成長以及喚醒你內在的較高層次這些方面來幫助你。我們希望能在你原有的金錢觀念之中，再加入新的次元，以幫助你進入存在於你周圍的無限豐富之中。在本書裡，我們提供了一些想法與觀點——那些就是我們給與你的愛的禮物。我們所說的，有許多是你似乎早已聽過或是已經知道的，在此，我們鼓勵你只由衷的去接受那些打從心裡認定為事實的觀點與建議，而將那些你所無法接受的觀點釋放掉。

你或許會想：我們這些指導者（Guides）是如何得知金錢法則的，畢竟我們並非生存於物質層面——其實金錢本身就是能量，而能量則存在於所有的次元，金錢的靈性法則也就是宇宙能量創造豐富的法則：湧入與消退的原則、不受限的思維、接受與給與、感激、尊重自我的價值、清楚的協議及磁力等等都是。

豐富的意義不僅僅是指擁有東西的數量，也指擁有讓自己滿意的東西。錢可以是你豐富的一部分，錢也可以使你的生命變得更有意義。一旦你彰顯（manifesting）的技巧愈來愈好，你便可以學習有意識地去選擇自己所想要創造的東西，然後將它們吸引過來。事物、情況將會伴隨著你對它們的需求，同時來到你的生命裡。你能學會掌控金錢，而不是被金錢所掌控……透過你的掌握，對於一些你不再需要的事物、情況，便可以輕鬆又和緩地讓其離開，如此，也為接下來既合適又能滿足你需求的東西清理出空間來。金錢、人及事物將會極為自然地進出你的生命，而每一次進出，都會與你的較高目的一致，而且也都會發生在最恰當的時候。

新的時代已然來臨，而人類正逐漸覺知到超意識的實相——人類將會體驗到自己較高本性的深度、強度及開放性。在即將到來的這些時代中，你將會受到鼓舞，在每件你所創造的事物中展現出大我的特質（Higher Self 就是大我，也被稱之為靈魂、生命最深層的部分或是內在的神性）。

你會希望自己所住的地方、所買的東西、關係以及生活的形態，都能反映出自己的較高觀點及較高價值，也會在賺錢與花錢的方式中，尋求展現愛、健康、幸福、和平、活力，及內在深層覺知等等較高的品質。新的時代將會帶來大量的創意，湧入許多驚人的想法。

遵循金錢的靈性法則

保有金錢及賺取金錢的方法變了……一旦遵循了金錢的靈性法則，錢及豐富就會大量的湧進，輕鬆地保有，同時還能因而獲得較大的喜悅。當你從事你的人生志業，當你尊重、服務別人的較高善時，你就遵循了金錢的靈性法則。當你與人合作而非競爭，當每個能量與金錢的交換所涉及的一方、涉及的人，均處於贏的局面；當你賺錢、花錢或是投資的方法，都不會對地球造成傷害時，你就遵循了金錢的靈性法則。

根據自己的感覺行事，順著能量走，學會何時成為一股主動的力量，而何時則只要臣服，如此你便能融入新的能量中，與自己的大我調和一致。在操作能量時，若能注入更多的清晰、喜悅、和諧、誠實正直，相信每件事的發生都是為了你的更高善，你就能在生命中增添更多自己所要的金錢、物質，以及事物的流入。當你認出以往一些不再合宜的狀況，釋放掉它們，並且對新的機會、思想、領悟、感覺開放之後，你便會允許靈魂的較高能量通過自己，然後金錢與豐盛會來得既輕鬆又自然，不需掙扎，毫不費力。而你所創造的東西，也必然能為你帶來成長、擴展、新生以及活力。

尋找並創造自己的人生志業，會比其他任何你所採取的行動帶來更多的豐盛。人生志業涉及做自己喜愛的事，並能以某種方式為人類的較高善做出貢獻。如此，錢會變成你從事自己喜愛事物的副產品，不需多想就能輕鬆湧入。

善用自身能量吸引事物

有許多人之所以逃避自己偉大的創造、喜悅、活力之路，就是認為自己不可能經由這樣獲得足夠的金錢，而我們想要幫助你去相信，你的確能從做自己喜愛的事物中獲得豐富的金錢。我們希望你能知道，你並不需要留在不合適的工作上，我們會協助你，看如何從現在的你、現有的狀態中過渡到你想成為的樣子。這整本書就是特別告訴你，如何去開創自己道路的願景，並且吸引人生志業，我們也將展示許多能使你的較高道路運作起來的能量技巧。

不管你是否有所察覺，每個受到這本書所吸引來的人，均已在個人加速成長的路上，並且有相當多的事物可以提供給其他人類。眼前就是一個去傾聽內在訊息，並且找出自己來到這世界有什麼特別的事要去做的時候了，開始將那工作實現出來，因為這個世界十分需要它。當你為別人服務，使他們充滿能量，當你找到人生志業，做自己所喜愛而非你認為能為自己帶來金錢的事，你對金錢就會變得具有高度的吸引力。新的時代會提供給你許多的機會，讓你得以發覺並完成自己的生命目的。新的時代會支持你為實現人生志業所付出的所有努力，即使你只是朝自己的較高道路邁出小小的一步，都會為你帶來豐碩的成果與回饋。

你能學會用能量及思想而非勞力來創造自己所要的，進而產生一個任憑勞力所無法達成的結果。當你明白了能量是如何運作的，你就可以只去採行那些既不會浪費力氣，又能得到最大收穫的行動。我們將教會你如何讓自己的心智達到一種放鬆及專注的狀態，以及如何運作能量與磁力吸引事物，這些技術是非常有力量而且有用的。

你並不需要受到外在經濟或人為狀況的影響，你可以創造出個別的富裕環境，如果你願意傾聽內在的指引，並且據以行動，那麼不管周遭的經濟態勢如何，你都能做得很好。對於你需要的攸關擁有豐富的指導，我們已經都送給你了，而針對經濟衰退期所提供的指導也很充分。如果有人失業了，或是損失了許多錢，那是因為他們所從事的並不是為了自己的最高善，而像失業或是損失錢這樣的事，正好可以改變他們，使他們的人生變得更好。任何事物只要真正符合你的較高善，就不會被拿走。

迎接生命中最具創造力的時刻

這裡有兩種金錢的法則，是你會想遵循用以創造並保有金錢的：你可以用金錢的靈性法則來吸引金錢，而根據這法則所吸引來的錢，將會為你帶來你的最高善。人為的金錢法則包括了財務規劃、時間管理、現金流量的管理、市場行銷、稅法，以及商業計畫等等，舉凡能適當地幫助你明瞭，並且知道如何去運用這些已然存在的人為法則的，你都可以去學。在這本書中，我們就不再涵蓋人為法則的部分，因為在其他地方，對於這類法則已有相當充分的詮釋了。其實單獨使用金錢的靈性原則便能創造出金錢，然而不管怎樣，能了解社會上所創造出的金錢規則總是好的，對於那些人為規則，你也能感到和諧與自在。如果你對金錢的靈性法則與人為的法則都能感到和諧自在，就可以用比較少的能量來吸引、儲存，並創造出更多的金錢。

有許多人試著調和自己在靈性道路及擁有金錢上的想法。或許你想透過賺錢及花錢的方法，讓自己生命中的金錢都能反映出誠實正直、慈悲，以及對他人的愛。你能在擁有金錢之際，同時遵循自己靈性的原則。錢會因為你與靈魂智慧的一致，會因為你服務別人，將周圍的能量以更高的次序、更大的和諧以及更美麗的狀態出現。讓你的成功富裕，建立在你對這世界所貢獻的好事數量上。貧窮不見得就有較高的靈性，因為你的人生志業常常需要錢來完成。靈性的成長將會增進彰顯豐富的能力，進而有助於個人靈性工作的實現。

金錢是股巨大的力量，而你賺取累積以及花費金錢的方法，將會決定錢是否能成為一股可以為你或其他人創造好事的力量。對錢抱持新的想法很重要，這使錢能以一種可以為這星球創造出好事的力量來被使用。形式伴隨著思想，經由你對金錢抱持的新思想，你就能為自己及別人創造出金錢的新實相。每個人都是散播正面金錢觀點最有力的傳播站，能對這星球上金錢的更高視野做出貢獻。

相信恐懼不僅僅造成戰爭，也致使人類對地球過度的需索。如果每個人都能創造出豐富（豐富是每個人與生俱來的權利），人類就不會有那麼多的理由去發動戰爭或是傷害地球。新的信念會吸引來一些足以替每個人創造出豐盛的方法，一些你尚未接收到，但卻能使你接上陽光、接上無限資源的方法。宇宙的供給是無窮盡的，而以人類的技術與理解，的確有能力使星球中的每個人都有足夠的食物、保暖的衣物以及居住的地方。除非你這樣相信，否則無法親身經歷這情景——但你能由相信自己所有的需求都可能得到滿足開始。對於你所能擁有的東西，這當中是沒有任何限制的。

全力擁抱你自己創造及不受限思維的能力，同時去追求每一樣你所想要的東西。你要有彈性，要開放，並且願意讓新的事物到來。你能學會去尊重、滋養自己，你會允許自己去擁有超越自己所想的事物。我們邀請你與我們一同在較高的層面運作，我們也邀請你去要求自己所如此深切渴望的豐富，這可以是你生命中最為喜悅、富裕、最有創造力的時刻。

前言──

彰顯出豐富的法則

珊娜雅（Sanaya）：

過去這些年，我一直運用出現在《創造金錢》這本書裡的一些靈性彰顯原理，獲致了許多令人驚異的結果。回憶最初剛接收到這些訊息時，當時的我日復一日掙扎在生死存亡邊緣，於是我請求歐林（Orin）──我靈性老師的指導（那時，我做歐林的靈媒，接收他的引導已有多年，針對一些不同的主題，也收到相當多極富價值的資料）。

歐林向我提議開班教授有關彰顯的課程，因為這樣一來，不光是我，其他人也能藉此學會，如何在物質世界中運用豐富的靈性法則，來創造形式、物質以及金錢，而這些原理，也確實有效地幫助我將歐林以及我個人的工作，推向這個世界……我能夠做自己喜愛的事以為謀生，並且還因為對整個彰顯過程的了解而獲得信心。

杜安（Duane）也運用這些原則，再加上他的靈性導師達本（Daben）所教授的一些專門用來彰顯的能量技巧。當杜安還是個地質、地理學家，各方面的報酬也都還不錯的時候，他卻興起轉換跑道的念頭……他很想教導人有關通靈方面的事，也想開發自己靈視的能力，他希望能藉由能量及身體療癒使人們獲得成長的力量。

杜安就是用那些靈性原則來為自己的人生志業注入能量、吸引來他能幫助及服務的人、彰顯出新事業所需的工具，並對於金錢也更加的清晰與明白。

這本書是將歐林所教授之「豐富靈性原則」的原稿予以擴編而成，原稿原本只提供給參與歐林課程的學員，之後，許多得知有這稿件的人紛紛向我們索取，由於需求暴增，杜安和我必須額外加開許多「創造金錢、磁性化，以及進階彰顯技巧」的研習課程。經過證實，將歐林教授的靈性原則，與達本的能量技巧搭配一起使用，在協助人們創造豐富與金錢上，是非常有效的，因此，在本書中，我們索性就將這兩者結合起來。

歐林與達本認為，所謂彰顯的能力，就是一個人將自己的願景、夢想、希望及幻想實現成真的能力，這是一個人所能學習最重要的技術之一，這不光能增強個人的力量，還能讓自己成為周遭世界的一個巨大光。

歐林與達本想幫助人們學會：如何將自己所創造出來的財富及其他事物，作為自己成長與獲取活力的工具，以及如何釋放掉憂慮、迷惑與對金錢的罪惡感。他們希望能幫助人們，去喜愛、珍視並且尊重自己的工作，也想教會人們，如何傾聽並信任自己內在的指引、喚醒自身偉大的潛力，同時因知道自己能夠創造出任何想要的東西而獲得信心。

歐林與達本覺得，許多人之所以沒有去做人生志業，是因為不知道要如何彰顯出人生志業所需的金錢或是工具，要不然就是不相信自己的道路與貢獻是重要的。歐林與達本感到人類的能力，將會被巨幅地加入創造豐富的能力，使人類得以活出稱心又有成就的人生。

我們已把這些原理教給許多懷抱不同目的的人……被我們課程所吸引來的人，有一些是內心想要某樣東西很多年了，卻一直無法將它創造出來，或是需要錢來開始一個醞釀已久的計畫。有的人需要錢來轉換工作、自行創業、回學校唸書或是旅行；有許多人一直在同領域中工作，想找份不同領域的工作或是事業，而且是要能夠反映自己更換了的興趣——他們思忖著，如何才能在轉型的過程中，創造出足夠的金錢以支持自己的行動，或是支付生活之所需。還有一些人，只是單純想學會如何去創造金錢，這樣一來，他們便能把更多的時間花在靈性生活上，或是寫點東西、研究一些事情。另外，有人則是已經創造出金錢了，卻發現錢無法為他們帶來預期的喜悅或是寧靜。

當有人運用書中的練習創造出成果時，我們同時也會在他們身上看到神奇的改變……他們會開發出信心與對宇宙的信任感，他們會發覺彰顯的過程，其實就是成長與增進生命活力的過程，並且學會對自己的人生負起責任。正因他們發現真的可以擁有所要的東西，因此對於自己真正要什麼，就需要有更新層次的清晰，一旦清楚自己真正要的是什麼之後，很容易就能將那東西吸引過來。

我們看到許多人在事業的轉型相當成功，不光收入劇增，同時更釋放掉對錢的不安與焦慮，在他們能吸引來自己想要的物質之後，他們的焦點自然就會更專注地放在——自己來到這個世界所要貢獻給人類的服務上。

當這些人學會如何去開創自己的人生志業，如何滿足自己靈性及物質的需求之後，就會覺得愈來愈能掌握自己的人生。他們會知道現今所擁有或是所面臨的任何事，正是以往自己選擇與決定的結果，只要他們願意，就能將眼前的狀態變得更好。他們不會再覺得受擺布於一股自己所無法掌控的巨大力量之下，他們要去看見，擁有想要的東西並不是只發生在某些人身上的幸運時刻——每一個人都擁有創造的工具，可以創造出自己所想的東西。當創造的技巧及清晰的程度隨著時間而精進，他們所能吸引的，必然會超越原先所能想像的。

我們（珊娜雅、杜安）個人去熟悉、掌握豐富的過程，一直都是成長與覺悟的美好過程。我們愈去運用書中的那些原理原則，就愈能體會它們的簡單以及豐富性。我們發現，當我們懷抱著一份有趣、創造及想像的心時，這些原理原則就會變得很容易；倘若過度分析自己的練習到底做得對不對，事情就會顯得很複雜。最好的結果永遠是來自於——當我們帶著一顆有趣的心去做練習，發覺這些練習十分好玩，而心裡也相信最好的結果一定會產生的時候。

在一定的時間內創造出東西，原本就是創造金錢及形式一個極大的挑戰，我們一再地提醒大家，所有的事物一定會在最適當的時候到來。我們也發現，當我們清楚自己要什麼，臣服、超然地讓任何適當的形式到來，其結果通常都會比我們所要求的還要好；而如果事物沒有在我們預期的時間內來，之後我們也會明白，當時去擁有那些東西其實並不符合我們的最高善。

你們或許想用這本書來創造金錢……為了某樣東西、為了財務上的獨立、為了探索自己的人生志業、為了創業，或者為了開始某項計畫。你可能正處於轉型期，內心知道有某種新的事物就要來臨，而希望自己能很快地將它吸引過來。你或許希望自己能增加銷售量、擁有更多的客戶，或是能有較高的收入。你也可能想解決自己在金錢方面的許多問題……不管你閱讀本書的理由是什麼，你都能把在本書裡所發現的原理原則，運用在自己生命的任何領域，因為這些正是「宇宙能量及豐富的原則」，你能吸引來任何對自己的更高善有益的事物，並且還能連接上宇宙無限的豐富。

◆如何使用這本書？

這本書其實就是一個「教導你在生命中創造、彰顯出豐富」的課程。本書的第一部「生財有道」，會一步步引導你學會這套彰顯的藝術。你將學會如何探知自己要的是什麼，以吸引來使自己稱心如意的事物，甚至超越你所要求的。你將學習高階彰顯技巧，以及如何運用自己的能量和磁力，以最快速、最輕鬆的方式，將所要的東西吸引到生命裡。

第二部談的是「駕馭自如」，在這部分你學會處理並移除任何可能阻礙豐富進入你生命的障礙。第三部是「經營有成」，能幫助你學會藉由從事自己所喜愛的事，來賺取金錢以及創造豐富。你將學習許多簡易的能量技巧，你可以用來吸引理想的工作、探知人生志業，以及從事自己所喜愛的事來賺錢。而第四部「豐收生活」所談的則是，有關如何在人生中擁有並增加金錢與豐富，你將學習如何用錢來創造喜悅、寧靜、和諧、清晰與自愛，讓錢能湧入並增加。

在書中第二、三、四部分許多章的結尾都有遊戲練習，這些精心設計的遊戲練習是用來幫你掌握整個創造的過程。做這些遊戲時，放鬆及專注是相當重要的，回答這些答案前，先安靜地坐下，做幾次深呼吸，然後放鬆身體，開始對新的思想與觀點敞開心房。

當你專注在這些新觀點上，或許就會發現你挖掘出自己的許多信念，甚至是抗拒。如果你發覺在回答某些問題時內心有所抗拒，可能就是因為你對那想法有責難，然而它卻可能是你為了開發自己豐富方面的潛能，玩這遊戲練習所最能獲益的區域。當你回答問題時，答案並沒有對、錯，僅僅只是去經驗自己是如何創造實相的一些新方法。你很可能想寫下答案，或只是簡單地想出答案來。將自己的回答寫下來，對於你把心中的想法帶到物質世界是有幫助的，而這就可成為你彰顯的第一步。

有一種使用本書的方法就是：先問問自己，有哪個區域會因運作金錢的創造而獲益，然後翻開書中的任何一頁。你可以用翻開的那一章、那一頁或是那一句肯定語，來作為大我的一個訊號（sign），它告訴你某個特定領域是你現在能去處理及運作，而且處理之後，還會使你現有的繁榮與成功的狀態有所轉變。

在你開始閱讀第一章前，先讓心靜下來，同時進入自己的內在……你是否懷抱擁有豐富的意圖？你準備好要變得富裕、擁有自己所要的，並且願意讓金錢來為你做事嗎？現在就下定決心去擁有自己所要的——你那創造金錢及豐富的意圖，將會是你真正去擁有它們的第一步。

◆如何使用肯定語？

在本書中我們囊括許多肯定語，以較大的粗體字來印刷，以供大家用來增進自己的繁榮與成功。肯定語就是正面的聲明，有助於你將意識專注在自己的力量及能力上，使你能創造並擁有自己想要的東西。肯定語是以現在式的方式來聲明，像是：我現在就已擁有無限的豐富。思想創造實相，當你對自己說出這些正面的聲明，你就會開始去創造它們，好像實際的狀況就是如此。這些肯定語是歐林與達本設計，打開及擴展你可以擁有些什麼的意識，讓你能符合靈魂的智慧，對準宇宙無限的豐富並進入其中。當你跟自己說出這些肯定語，必然就能在生命中創造出正面以及更為豐富的狀態。

只使用你覺得適合的那些肯定語，對所用的字眼感到舒服，並覺得符合真實的自己是相當重要的，你可以自由地將其中的字，以一些對你有特殊意思的字眼來更替，因為肯定語力量的增強，是來自於你對其中的聲明感到自在及有意義時。我們鼓勵你，製作屬於你自己成功富裕方面的肯定語。

大部分的肯定語都以我這個字作為起頭。我們以我來代表你們全體真正的自己：這包括你的大我（Greater Self）（又稱較高的我、靈魂、與神的力量及內在神性相連接的部分，或是較深層的生命部分）、自我（ego）及個性層面（personality selves）。當你所有的部分都相互一致、為一個共同的目標而運作時，肯定語就會更有力量。只要是感覺對了，你也能用其他的字來替換掉原有的用字，例如對於肯定語中的我是自己豐富的源頭，你可能會想將它改為神是我的泉源，或我與神的連結是我的泉源，或是我的靈魂是豐富的泉源。

為了使創造能有結果，你的肯定語感覺起來需要是有可能的，如果你對自己所說的話，感覺不到被創造出來的可能性，那麼這樣的肯定語，就不能為你帶來你所陳述的結果……例如你說「我擁有千萬財富」，如果你壓根不相信自己能擁有這筆錢，那麼這樣的肯定語就不會為你創造出結果，像這樣的情形，由另一個肯定語「我的收入會增加至少百分之十」開始，或許會比較好，從那裡開始運作起，開始體驗自己成功創造出自己所陳述的話。

在這裡有一些使用這些肯定語的方法，其中一種就是隨機一翻，看看書上出現的是什麼肯定語就去讀它，然後安靜地坐著，一遍又一遍地對自己說這句肯定語。反覆唸誦具有相當強的力量，你會重新去排定自己潛意識的程式接受這些思想，並將其視為實相。一旦你的潛意識接受了這些思想，就會在你的生活中創造一些改變，以符合這最新的內在實相。你或許會想在吸氣的時候說這肯定語，而當你說的時候，要想像自己將這肯定的聲明向上帶到你的大我，然後當你吐氣時，想像你將那肯定的聲明釋放到你要它變為實相的外在世界中。

你也可以錄下這些肯定語，常常去聽它。為了方便讀者，歐林中心已將書中所有肯定語錄製成卡帶，並將這些肯定語製作成名片大小的卡片（相關資料請參閱下列網站：www.orindaben.com）。你也可能想親自將這些肯定語寫下來，放在自己經常會看到的地方，特別是那些對你有特殊意義的肯定語。

第一部

生財有道

第一章

你才是那個源頭

安靜下來，閉上雙眼，想一件你曾經要過而後來也真的得到的東西。回想一下打從與起要它的念頭開始，直到真正獲得時的一些感受——那時對擁有它你所存在的正面想法，你心裡隱約知道自己一定能夠得到，以及當你真正獲得時內心喜悅的感覺。

你時時刻刻都下意識地運用自己的思想與感覺，將所要的事物創造、彰顯出來。彰顯（Manifestation）就是一種將你內在的想法、概念、願景及夢想，自你的內在世界帶往外在世界，使你得以用肉體感官實際經驗它們的方法與過程。

當你心中想著某件你十分確信能獲得的東西，對它你就有了正面的畫面——你一點也不會擔心要如何才能得到它，同時能在心裡看見自己擁有它的樣子。你很想也打算要它，並且獲得去做任何需要的事來將它帶進自己生命裡的動機……

開始觀察你自己是如何創造出那些簡單、微小的事物。由容易創造的東西逐漸開發自己彰顯的技巧，等你對自己創造的能力有了自信之後，那便是你準備好要用更不受限、更寬闊的方式去彰顯事物的時候了。你所能創造的事物是沒有受到限制的，你就是活在這樣一個不受限的世界裡……任何事都是有可能的。

我才是自己豐富的源頭

你才是自己金錢與豐富的源頭。運用你的感受、思想與意圖，就能使你成為一位能創造出任何自己所要事物的大師。你的職業、投資、配偶或是父母，並非你豐富的源頭，你自己才是……藉由連結你的靈魂或大我無限的豐富，打開你與較高力量的連結（有時這樣的力量被稱為神、一切萬有、宇宙之心、基督救世主或是佛陀），展現、散發你身心的愉悅活力、內在平安、喜悅、愛等較高品質……如此一來，你便成了自己豐富的源頭。

擁有金錢與物質，其實並不如熟練創造出它們的方法與過程來得重要，因為一旦熟悉了方法與過程後，你成功、富裕的能力，將不再取決於外在的條件或是經濟狀況……只要你想要，你就能創造出任何你所要的……整個創造豐富的學習，就是個成長的過程，在過程中你可能需要去改變自己的想法，把你認為值得擁有什麼的信念加以擴大。獲得每樣新東西的過程——不論是部車子、房子，或是大筆薪水，都會為你帶來新的學習、新的技能以及成長。一旦你熟練了整個創造的方法與過程之後，你就能把自己所創造出來的金錢或其他物質，拿來用做幫助自己意識的擴展，以及更完整地展現出自我的工具。

你的思想之內存在著實體的物質，儘管以你們現有的科學儀器尚無法偵測出來。你可以將思想想像成磁鐵，這些磁鐵向外來到這個世界，吸引與其內在物質相符合的東西……也就是那些存在於思想之內的物質，將自己複製成外在的形式。舉凡你身邊的每樣東西，在它存在於你的實相之前，都僅僅只是別人心中的一個想法——城市、大廈、住屋、道路、車輛等等都是，這些事物在變成實相之前，全都是以思想的形式存在。

你的想法設定了會創造出什麼來的雛型。你的情感為思想提供了動能，將想法由你內在的世界推向外在世界，感情愈強，你所想的事物就會愈快被創造出來。你的意圖則扮演著引導思想與感受的角色，使你能將焦點穩穩專注地放在自己想要的事物上，直到你獲得它。

我將焦點專注在自己所愛的事物上
如此便將它吸引過來

正因思想設定了吸引的雛型，因此，思考自己要什麼，而非不要什麼是十分重要的。你不會因討厭、害怕或不喜歡某些事物，而獲得它的反面狀態，就好像富有絕不是由討厭貧窮而來，就因為思想產生能量，任何你所放諸焦點的，也必然是你將會獲得的。你對擁有豐富與金錢愈是喜愛，就愈能想像擁有它們的樣子，如此，豐富與金錢就會跟著被你吸引過來。

此外，正面的想法也相當重要。正面的情感與想法會吸引來你要的；負面則不然——它們只會吸引來你所不要的。花些時間去靜思，以正面的態度想想自己所要的。當你不以較高的思維方式去想，心裡老是在一些問題與麻煩上打轉，你就會將豐富阻絕於門外。

你倒也不必因自己仍存有負面的思想而感到不安，因為害怕或討厭負面的想法，都只會增強它們的力量，倒不如拿你自己對待那些不知道有更好方法的孩子一樣的態度來回應——對它們微笑，讓它們知道有什麼更好的方法……就是這麼容易。倘若你認出自己某個負面思想，很簡單，只要在那負面思想旁邊擺個正面的想法就好了。舉例來說，如果你抓到自己心裡說：「我沒有足夠的錢。」就簡單改口說：「我在金錢方面很富足。」

我的思想既正面又充滿愛

正面的思想遠比負面的思想有力量得多。一個正面的想法就可抵銷掉成千上萬個負面的思想。你的靈魂會阻止你那些較低且負面的想法變成外在實相；除非，讓它們（負面思想）彰顯成實相，能教會你某些事物而有助於你的成長。你受到靈魂與宇宙的關愛及保護，在你自己的想法變得更高、更正面之後，你的靈魂自然就會讓更多想法彰顯成實相。你愈是開展，你思想創造實相的力量就會愈大，自然你也就愈有責任用更高的方式來思考。

有許多奇妙的工具，你可以學習讓自己想法更正面，譬如你可以加光（put light）……想像光的影像，讓這道光進入你心中的畫面。你能練習讓負面思想褪色或消失，並且放大正面的思想。現在就用點時間來想一件你想要的東西，在那些告訴你為何無法擁有它的想法裡挑選出一個，想像它開始褪色，或是想像它被寫在黑板上，而你正擦掉它，或者，你也可以將負面思想放進氣球中，想像它隨著球飄走。不論你心中浮現出哪個能幫助你移除那思想的方法，就照著做，用那方法來將負面思想自你的實相中消除。

現在，去創造一個為何你能擁有它的思想，想像自己看著那想法被寫出來，並在它的周圍加上白色的光，此時有人用極為好聽的聲音對著你唸出來，你在心中創造出一幕收到或獲得時的景象，將那畫面想得極為真實，使你幾乎可以感受到、看到、聞到以及觸摸到它。讓那想像的畫面擴大些，因此，你就好像站在景物之中，而非只是置身其外的觀看著……藉著想像自己負面思想褪色、枯萎，你就拿掉了它們創造出實相的力量；同樣的道理，將正面思想想像得鮮活、真實，便能增強它們創造出你所要事物的力量與能力。

一再地去想自己想要的東西，就會讓要的念頭產生極大的力量。以往，在獲得某樣你所要的東西前，你大概會經常地想到它。反覆、穩定地去想自己想要創造的事物，就會讓這想法深植於潛意識裡，為你帶來你所要的。你的想法不要搖擺不定，要明確。肯定語便是個一再被複誦的正面思想……當你反覆唸誦肯定語時，那些正面的思想便會直接進入你的潛意識裡，在那裡開始將它們彰顯成實相。因此，對你想要的東西，你的語法要肯定，同時要用「已經擁有了」這樣的字句。舉例來說，像是「我已擁有無限的豐富」這類的話，要經常反覆地複誦那些正面的話語。

你的某些負面思想，可能肇因於身邊一些人的疑慮、恐懼，而擴大了你心裡原有的憂慮。就好像一開始時，你對自己的財務狀況覺得還算可以，然而和某位有金錢困擾的朋友談論了之後，也開始為自己財務的未來感到心煩。如果你注意到有類似的事情發生，要知道，你只是被別人的思想影響了，記得提醒自己：「你所在的世界，是個豐富的世界。在你的世界裡，一切都是完美的。」

由一大群人所產生強大的集體思想，也有可能影響你的想法。譬如不時地總有人對經濟的現況感到不安，他們認為景氣的衰退或蕭條期就要來臨了，倘若你正好也對經濟的現況有些擔心，那麼就很可能會在不知不覺中將注意力轉向他們，而把原本屬於那些人的不安思想當成自己的想法。

無論你置身於何處，總有人認為自己正處於經濟困頓的時期，然而，也必定有一些人認為當今的時機是再好不過了……因此，無論外在經濟的現況如何，你都能為自己創造出富裕與成功，你的挑戰在於，如何讓你對自己未來的經濟狀況抱持著正面的想法，不管有多少或多大群人怎麼想、怎麼說，都不要受到影響。即便在經濟最糟的時候，也總有一些人、一些行業經營得還不錯……你才是自我豐富的源頭，無論外在經濟或其他條件如何，你都能擁有一個正面、美好的豐富人生。

每一天，我的可能性及選擇性不斷地擴張

既然思想創造實相，那麼，學習想得大些、寬廣些、不受束縛些，就能為自

己創造一個更好的人生。不受限的思維會增進創造力、擴展自己的可能性、為你吸引來機會、讓你擁有更多。不受限的思維讓你能在事前，先去體驗在你真正獲得所要的豐富之時所會有的感受……而那些感受就是能為你帶來豐富的媒介……你就用這些想像出來的畫面，讓自己的心對更大的可能性開放。

不受限的思維幫助你觸及生命的更大畫面，讓你與大我廣闊的視野連結。不受限的思維幫助你充分發揮自己的潛力。所有偉大的工程都起始於願景（vision）。你們當中那些有小孩的人，經常會為了自己的孩子參與了這不受限思維的過程……你們會為孩子編織種種的畫面，想像他們未來可能變成的人，以及可能成就的偉大事業。你們幫助孩子了解自身的能力，使他們能為自己創造出任何對自身最好、最有益的事物。當你置身於愛中，你便看得見別人內在的潛力，便會知道自己要如何協助人們將潛力發揮出來。不受限的思維指的就是你對自己要存有同樣美好的憧憬，也要能認出並發揮自己的潛力。每一回當你想到未來，你同時也在為自己開創一個可能的方向。

為了要開展潛力，你要會想像自己的夢想已然實現，因為幻想、夢想顯現了你自身的潛力。你的那些夢想有個存在的理由……是它們引導你邁向自己在地球層面的較高道路。將你自己能做什麼的畫面加以擴大……要敢夢想、敢奢想。假使你考慮要創業，那麼在你認為自己能做些什麼、擁有什麼這方面就不要妥協。如果你認為自己每週能服務一個客戶，那麼現在就想像自己每週能服務五個；如果你打算在一年之內要開始自己的事業，現在就想想若在一個月之內就開始又會如何……假設現在已是一年後的今天……而你檢討過去一年來自己所完成的事，在那一年裡，你都完成了些什麼？

我喜愛自己的想像力
也相信自己的想像力

要想擴展思維的能力，就要開發想像力。你的想像力，遠比你自己所認知的範圍要大的多，它與你靈魂的連結也最緊密。想像力不會受到你過去生命的計畫、信念及恐懼所局限，正因你被賦予想像力，所以才能超越物質世界。想像力使你有能力跨越自身的限制，讓內在那股龐大的潛力得以被釋放出來。想像力能悠遊於任何的世界或次元，為你建構出一條寬闊、不受限的未來之路，同時也讓你看看各個不同選擇下種種可能的結果。

運用你的想像力以及幻想做白日夢的能力。心裡不要老想著這不可能、那行不通，想想可能性、可行性。不要一味掛心在單一一件能讓你因獲得而感到滿意的東西上，想想其他同樣能令你感到滿意的事物。不要只想像你所渴望的那個結果，倒是問問自己：「有什麼最好的結果可能產生？」

在你想像出最好的可能結果之後，強迫自己再想個更好的。每回當你發現自己想像某樣東西，試試自己能否擴大那想像，或者是否能將意識的焦點對得更準，使那想像畫面更為清晰。想大點（Think Big）——去要求超過你自認能擁有的。擴展你的想像力、放大想像的畫面、玩些新點子，看看你究竟能不能超越自己所設定的能擁有多少之界限。

我是個不受局限的人

我能創造出任何自己所想要的

當你開始練習以寬廣、不受限的方式去思考，可能還是會發現，你早期的一些思想仍然持續地為你創造出實相；儘管你已開始向外送出全新不受限的想法，可能還是會遭遇到過去局限思想所造成的結果……你千萬不要因為看不到立即的成果而感到沮喪！漸漸地，那些舊有的思想形式必定會離開，而你必然也會經驗到由新思維所創造出來的結果。

在地球的層面，你們用直線、連續的方式來學習彰顯，因此，你一定要想想看自己要的是什麼，要一再的想，而且還要試試自己所想的東西……在那以後你便可以說：「這不是我真正想要的。」或是「下一次，我想我會要個不一樣的東西。」你有的是機會和自己所創造出來的東西玩玩，地球就是這樣一個特別的地方，在將你自己所有的想法都彰顯成周圍的實相之前，它讓你有個練習的地方，使你能漸漸清楚自己的想法；儘管你可能還是會抱怨，有一些事你花了比預期還要久的時間才彰顯出來，然而，若是你所想的事都立刻被彰顯出來，相信對大多數的人來說，必然不會是件愉快的事。通常到了你真正獲得某樣東西的時候，你大致也已經歷了成長的過程，並且清楚自己所要的是什麼了。

允許自己去擴大你對事物可能性（what is possible）的想法，即使你還不知該怎麼做、有哪些技巧可以運用也不必煩惱，一旦你的想法擴展了，你那彰顯夢想的能力自然會同時被開發出來。你愈能擴展想像的水平、開拓新的領域，並超越自身所設定的可能性，那扇通往無限豐富之門便會愈為寬闊。

你若是無法相信某件事有發生的可能性，便不可能真正的去擁有它；但是，如果你能夠……即使只是心中小小的一點聲音說：「那或許有可能。」那麼，你就已踏上將它創造出來的路上。倘若你無法想像自己擁有某樣東西，那麼盡可能將它們想得極為真實，使你覺得自己極有可能將它們創造出來，而非僅僅只是個遙不可及的幻想或願望。

允許你為自己開創願景，允許自己去幻想、去做白日夢，然後，每天專注在一些簡單、具體能讓你更接近目標的步驟或行動上。總會有一些既實際又立即可用的步驟，就像一位老師協助組織一群人一樣，有時即使是打掃自己的房子和整理文件這類的事，都有可能是你開創願景下一步的行動。

我在內心勾勒出自己與他人的豐富

想像你已擁有所有自己想要的事物……一份滿意的工作、足夠的銀行存款、良好的關係等等……想想自己要如何才能讓身邊的人受益……若是你認識的每一個人生活得都很富足又順利的話，會是個怎樣的光景。挑戰你自己去要得更多……這不單只是為了自己，也是為了全人類。

譬如你正等待著一份更好的工作，此時在你心裡就要想像每個和你一樣在等待工作的人，也都獲得一份很好的工作。如果你想要擴大自己的服務……諸如吸引更多的學生來上課，那麼就想像每個和你一樣想藉由吸引更多學生來獲取服務他人機會的人，都成功地吸引來更多的人……這將教會你宇宙間存在著真實的豐富，而這豐富是屬於每一個人的。這會幫你把自己豐富和每個人都豐富的想法串聯在一起，一旦你擴大了思維的範圍，將其他人也囊括進來，想像每個人都過著豐富的人生，你就為自己打開了更多讓豐富進來的途徑。

不受限的思維不僅僅只是想得大，還得要有創意。讓自己想像已經擁有了所有可能擁有的東西。對愉快的驚喜保有一份開放的心，因為大我可能會以大於、多於或優於你預期的方式帶來你所要的，你要相信自己一定會收到最棒的禮物，而且也會是最適合你去擁有的。

你思想背後的情感決定了彰顯事物的速度。如果，你真的很想要某樣東西，那麼它來的速度，就會比你不帶勁時要快了。你要讓自己對擁有你想要的東西產生興奮的感覺，將擁有的畫面想像得極為真實——使你幾乎可以看到它、摸到它，或是事先感受到真正擁有它時的感覺。經常懷抱著強烈的情感想著你想要的東西，但是，也要願意保持一份超然的態度——願意讓它以最好的方式來到。

要想彰顯出你所要的，就要有打算將它創造出來，換句話說，你要認定擁有自己想要的事物是件非常重要的事，你要願意花心思、花能量來得到它。你想擁有的這份意圖會引導著你自己的能量，使能量集中在你的目標上。將你的覺知與注意力，專注於你正想像的畫面及憧憬上，藉此把自己心中所想像的創造成外在的實相，即使你正做著其他的事，也要將那畫面放在心上（譯注：這並非叫你做事時要心不在焉，而是要你時時隱約知道這畫面還存在心裡）。

當你穩定地將焦點專注在擁有某樣東西這件事上，你那想要的意圖便非常清楚、強烈，同時很快地，你就能創造出自己所尋求的……

你會保持警覺，因此當機會來臨時，你便輕鬆愉快地利用機會將自己所要的東西吸引過來。現在，去想某件你想要的東西……你真的有打算要它嗎？在你從事其他活動的時候，心裡是否仍會想著它呢？

夢想成真

你必定曾經歷過打從心裡想擁有某樣東西的時候，在你真誠面對自己的心意及不違背自我價值觀的原則下，你做了任何需要的事來得到它……你克服了許多的障礙，而且早在得到之前，心裡就已知道自己一定能獲得，對於擁有它這件事，你的想法是很正面的，同時你也迫不及待想得到它。反之，當你試著創造某件自己也不確定是否真想要的東西，一旦出現阻礙，你大概很快也就放棄了。如果，你對自己所要的東西感到遙不可及或是不容易得到，那麼相信你要它的意圖必定也是不清楚的。

當你對擁有某樣東西有清楚的意圖，所產生的能量就會集中，猶如雷射光束般向外放射，同時也會帶回你所想的。如果你真的有打算要擁有某樣東西，你就一定會得到。

❖遊戲練習——放鬆、專注及視覺化（想像）

所謂視覺化，就是運用想像力，事先在腦海中勾畫出自己得到所要事物時的樣子，你愈能發揮自己寬廣、不受限的想像力，把那畫面想得愈眞實，就愈容易在現實中將它創造出來。想像力是你最強的能量創造工具，在運用它的時候，盡可能去發揮發明、創造的能力，除此之外並沒有其他規則。

其實，你時刻都在運用自己視覺化的能力（想像力）……在創造事物之前，你會先在心裡勾勒出畫面，因此，當你假裝已經擁有某樣東西時，你便開始對於擁有它這件事感到和諧自在，同時你也把擁有的感受帶到當下的實相，而那擁有的感覺便會開始爲你將所要的事物吸引過來。

不要擔心你無法將心中所想的東西如實地想像出來，因爲並非所有人在想像時都能清晰地看見腦海裡的畫面……有些人只感覺到東西的存在，或是對它有某種感受，有些人很簡單地只是想著它，而其他則是在勾勒心中畫面時，會在色彩及清晰度上有著不同程度的差異。其實並不一定非要清楚的看到腦中的畫面才創造得出東西，有許多人發現，想像的能力是可以藉由練習使自己更得心應手。

專注就是指穩定、持續地在心裡保持某個想法或畫面而不分心。在每次運作時，穩定持續地專注在自己想要的事物上數分鐘，就能加快將它們吸引來的速度。接下來的練習，將有助於你的放鬆、專注以及想像，而它們（放鬆、專注、想像的練習）便是你稍後在第四章「和能量與磁力一起運作」時的基本準備（譯注：在英文中，視覺化Visualize與想像Imagine有些微的差異，視覺化Visualize指的是想像具體的東西，而想像Imagine則可包括不具體的感覺與特質；相較於中文，則均以想像通稱）。

準備工作

找出一小段至少有十五分鐘不被打擾的時間，將四周的環境營造得舒適、柔和、愉悅……你可能會想放首柔和、平靜的音樂，身邊擺個自己喜歡且能握在手上的小東西，像是一小塊玉石或是水晶。

步驟

1.不論你是坐在椅子上或地板上，找個可以讓自己輕鬆舒適坐個十至十五分鐘的姿勢。可能的話請儘量將你的脊椎打直，讓舒服、精細的能量在你全身流動。閉上你的眼睛，開始平穩、緩慢的呼吸，大約連續做二十次緩慢、有韻律的吸、吐氣，讓氣息均勻進入胸腔的上部。

2.放鬆你的身體，感覺你愈來愈平靜。運用想像力，掃描你整個身體，將身體的各個部位放鬆……在心裡逐一放鬆自己的腳、腿、大腿、胃部、胸腔，然後再放鬆你的手臂、雙手、肩膀、脖子、頭部、臉部等等，鬆弛你的雙頰，然後放鬆眼睛周圍的肌肉，感覺內在盆發的寧靜……去回想某個你感到極爲祥和的時刻，再次將那祥和的感覺帶入身體裡。

3.閉上眼睛回想家中某個房間……「你對那房間的感覺如何？」在你腦海中看著它的感覺，是否就像看著電影銀幕一樣？或是你覺得自己就站在房間裡，透過眼睛環視整個房間？你能感覺房間的四周嗎？腦中的畫面是否有色彩？能否運用想像力重新把家具擺上去？你能想像自己在房間裡走動嗎？盡可能生動的回想整個房間的樣子或它帶給你的感覺，持續一分鐘左右，再讓畫面消退。

4.張開眼睛。拿起自己所喜歡的那塊玉石或水晶（或其他的小東西），仔細端詳一會，盡可能注意一些像是顏色、形狀、重量、感覺、質地等等細節。數分鐘後，放下那水晶或玉石，雙手則保持握住的姿勢，然後閉上眼睛。現在，在腦海中重新將水晶或玉石的畫面創造出來，要盡可能詳細。當你閉上眼睛時，你能想像它的顏色、形狀、重量、質地以及之前握住它的感覺嗎？

5.現在來想件你要但還沒有得到的小東西（在這練習中先選一件你曾見過的東西），閉著眼睛，儘量完整的將那東西想像出來。感覺如何？是什麼顏色、形狀？

6.讓我們練習擴大自己的想像力……運用你的想像來想個比步驟五還要好的東西……當你想像自己擁有比原本想的還要好的東西時會有什麼感覺？當然，如果步驟5.的東西就是你眞正想要的，你就不需要再去要個更好的東西……然而，不管怎樣，去練習擴大自己的想像能力對你總是有益處的。

7.心無旁騖專心的去想步驟6.的東西約一至二分鐘，在這當中如果有任何你所不想要的思想浮現，就只要簡單的想像將它們放到一個泡泡裡，然後看著那些思想隨著泡泡飄走。

8.當你感到自己非常的放鬆、平靜，並且已準備好要回到日常意識，你就可以開始慢慢地將注意力帶回到自己所在的房間。去品味、享受你現在這種寧靜及祥和狀態……就用現在這個較爲光明、清晰的視野，來觀看自己周圍的世界。

自我評量

如果你感覺自己更放鬆、更平衡、更寧靜時，就表示你已達到第四章磁化所需要的意識狀態。到了第四章，當你吸引想要事物之時，你的思想波愈高，內心愈寧靜、精神愈專注，所吸引的結果就會愈好。如果你覺得自己不夠放鬆、精神不夠集中，那麼就可以做做本章的練習或是其他的冥想，直到你能完全的放鬆並且集中精神為止。

要注意你自己是如何想像事物的？你是感覺到或是看到？畫面是否有色彩？畫面清楚嗎？要持續的練習直到你能體驗心中所想的那個畫面，或是感覺到自己想要的那個東西。如果你對自己的想像力感到滿意，同時也能將焦點專注在你所想要的事物上幾分鐘，那麼你就可以準備進行下一章的磁化與吸引。反之，若是你無法專注幾分鐘在想要的事物上，那麼在閱讀下一章的同時，就還需要多做幾次專注的練習。

第二章

成為豐富

無論你是否意識到，在內心深處，你一直都在追求著生命的充實、活力與成長，你想要展現自己的潛能，讓自己成為一個能將潛力淋漓盡致發揮的人。大多數的人追求的是有愛、喜悅、安全感、開創性的自我展現、愉快有意義的活動，以及有尊嚴的人生，在你的一生中，你擁有這些層面愈多，就會愈有成就感，同時也就愈能了解並發揮自己全部的潛力。關於彰顯有個相當重要的部分就是，學會只創造那些能滿足自己最深層需求的事物，將那些事物當做工具，用它們來幫助你成長，並且盡可能的去擁有一個最美好的人生。

不論你想創造的是一雙新鞋、一棟新房子或是一大筆錢，這類創造新事物的渴望之所以會來，正是因為你已有了成長及發揮更大潛能的準備。有許多人認為只要有錢就能滿足自己的需求，體驗現在所沒有的感覺、品質或狀態，也有人認為，擁有一大筆錢，能讓他們身心感到愉快健康、充實，讓他們有尊嚴、有安全感，內心寧靜、並且能感受到愛與力量，在他們的認知中，有錢就能獲得解脫，就可以不必再為生活煩惱，心情放鬆了，自然就能享受生活的樂趣，或是不必再去做自己不想做的事。

然而，金錢或事物本身，並不能自動滿足你的需求或帶給你想要的感受……如果你認為擁有更多財富會使你內心感到寧靜，那麼，吸引更多金錢的關鍵就在於，要先讓內在寧靜的品質進入你自己的生活中。任何你認為金錢所會為你帶來的品質……像是尊嚴、平靜或是充實，也就是你需要去開展，使自己對金錢或財富能變得更有磁力的品質。不要把錢當成是填補空缺、彌補不足的東西，相反地，你要將錢當成是你創造來幫助自己展現自我與發揮潛能的工具。

有位男士想要創造千萬財富，他並不在意用什麼方法去獲取，對他來說，千萬財富只是能神奇地將他的生活轉變得美好的一筆錢，雖然他不曾察覺自己之所以要這筆錢，是希望能過得更充實、更有活力；然而也正因他不曾覺知到自己為什麼要錢，不曾自問：「我能做些什麼，來讓自己感到更有活力、更充實？」反而對自己說：「我要更努力工作，即使我並不喜歡這份工作。現在我暫且先減少做自己喜愛事物的時間，如此一來，就可以有更多的時間來賺錢，雖然先要暫時放棄一些樂趣，但等到將來賺夠了錢，那時我自然就可以擁有任何自己想要的東西。」結果，他發現自己愈來愈討厭上班，因為不喜歡工作，做起事來自然就不會盡心盡力，最後當然也就錯失了升遷的機會。

這位男士得知了許多快速致富的投資方法，除了將所有的積蓄投入外，另外還用信用卡預借了一些錢來投資，不幸的是投資的結果並不理想，他賠掉了許多錢。二十年後，他仍然在同樣的工作職務上，繼續抱怨著自己的辛勤與努力未曾獲得賞識，也繼續尋找下一個快速致富的投資方法，他始終期待那次的投資，就是那把開啓財富及美好人生之門的神奇之鑰，他在心裡盤算著，等到自己有錢之後，就要去做所有自己一直想要做的事，然而正因他沒有先去做那些會讓他感到充實、活力的事，所以他從來不曾真正獲得內心所想的那筆數額的錢。

先暫停一下，問問自己：「你現在所沒有的那樣東西，是你會在擁有更多金錢後而得到的？如果你有了一大筆錢，你的哪個深層需求或渴望會因而獲得滿足？」「你會比較有安全感，會自憂慮中解脫，重新獲得自由，進而擁有一個比較簡單的生活嗎？」「你會毫無顧忌停止去做自己不喜歡的事，或自由自在終其一生做自己想做的事嗎？」「你想擁有哪種較高的品質或某種感受多一些……是內心寧靜？安定？愛？尊重？身心愉快健康？或是幸福？」「如果不是錢，而是件現在你所沒有的東西，那麼得到它又能滿足你生活上的何種需求？」「如果你並不想要任何物質，那麼，有什麼較高品質或感受是你想經常去體驗的呢？」

我活在一個豐富的宇宙中
我總是擁有任何自己所需要的事物

你現在就可以開始去滿足那些需求，可以擁有一個喜悅、滿意、充實的人生，足以發揮自己更大的潛能，而不需要等到自己創造出想要的物質之後。任何事物，只要其本質符合你的較高善，都是在你能力可及的範圍之內。宇宙不會說：「你要等到賺足了千萬財富之後，才可以獲得對自己有益的好東西。」宇宙說的是：「凡是為了你的較高善，你現在就能擁有，今天就可以。」問問自己，你要錢為你帶來什麼，然後想一些能讓自己立刻獲得那些事物本質的方法（譯注：有關本質所代表的意義，歐林在下一章有更詳盡的論述）。

舉例來說，有人認為有錢能使自己的生活變得更簡單，其實，你可以藉著開發、展現，如內在寧靜、安定、身心健康愉快或是沉靜……等能令生活更為簡單的品質，即刻就能擁有簡單的生活。金錢本身並不會使生活更簡單，事實上，若是你不學著將那些能讓生活簡單化的品質帶入你的生活裡，金錢所會帶給你的，還可能是更複雜的人生。如果你一直想要個簡單的人生，那麼就想想，有什麼是你即刻就可以動手做，而使自己的生活變得更簡易的？

有一些人希望有了錢之後，就可以不必再去做自己不喜愛的事，而為了開始放掉你不喜愛的事，你就要學會更尊重自己。你可以由立即停掉做自己不喜歡的一些小事開始，停止之後，你會為自己贏得更多尊重，同時，也建立了一個你只做自己喜愛事物的模式。有些人之所以有賺錢的動機，是因為認為錢能讓他們生命的課程及問題自動消失，然而，只要你活著一天，你就無法規避自己的課題，即便如此，你也寧可用輕鬆、愉快的方式，而不要以掙扎的方式學習生命的課程。去開發你內在的智慧與寧靜的品質，將有助於你把自身的問題視為成長的機會，而這樣的態度、想法，會比擁有金錢更能幫助你輕鬆的處理問題。

也許，你之所以想要一大筆錢是為了要有安全感，只是安全感並非來自於財富的累積，有很多人即使創造出億萬財富王國，卻仍然缺乏安全感。事實上，如果他們沒學會感受到安全，更多的錢還有可能會加深他們的不安，甚至強化他們的恐懼。就你而言，安全感可能是來自於發掘勇氣，或是信任內在的指引，如果你內心有安全感，就可以創造出一個反應自己充滿安全感的人生。如果你想要生活有更多的保障與安全感，那麼先暫時停止閱讀，讓自己安靜下來，問問自己，什麼樣的品質是你可以開展讓自己感到更有保障、更有安全感。

有些人想要錢的理由，是因為錢會讓他們更具有力量，我所指的力量並非是那種想要擺布或操控人的自大，我所指的是真實的力量；是那股源自於向上，得到內在寧靜、發揮潛能，以及運作靈魂之光的力量，而不是個性層面的力量。有什麼品質是你經常去體驗，便會有助於你經歷個人真實力量的？去找到展現那些品質的方法，然後，多去做這類的活動。

我散發出尊重、祥和、愛、健康愉快、幸福的品質

當你展現了你認為更多金錢所會為你帶來的那些較高品質之後，你就要用自己的言語、文字、行動及生命向外散發那些品質，如此一來，對於那些能代表你的意識新水平的物質象徵——像是金錢或金錢以外的事物——你就會變得更有磁力，更容易將它們吸引過來。

去開發任何一個像是愛、內在寧靜、健康愉快、幸福、勇氣、個人力量或是自尊等較高品質，都會改變你的振動，而凡是符合新振動的事物，對它們，你都具有磁力。你將不只是對更多的金錢有吸引力，而是對所有有助於你表達新成長水準的形式都具有吸引力，你會吸引自己想要的東西，同時，早在你意識到需要它們之前，它們就已經來了，你所吸引來的會是比你要求的還要好的東西，同時，每件在你身邊的事物都會符合真正的你。

有位男士，十五年來的目標就是賺取千萬財富，然後退休、輕鬆過日子，有

一天，他了解到自己這些年來所累積的金錢，離他早年所設定的千萬目標還差了好大一截，他也曾嘗試所有知道的方法來讓自己致富，他做了一些投資，結果有好有壞。他儘量努力工作，為自己存下一筆為數不多的錢以供退休之用。

這位男士花了一些時間來思索千萬財富會帶給他什麼，結果他發現，在他的認知裡，有了這筆財富，將會讓他更有時間放鬆、能自由自在毫無顧忌的做自己喜愛的事。而今狀況似乎非常明顯，如果他堅持要等到擁有千萬財富才過自己喜歡的生活，那麼很可能這輩子都沒有機會享受輕鬆的生活。於是，他做出決定，即使還沒擁有千萬財富，也要開始為自己找出時間來放鬆，做做自己喜歡的事。

在嘗試一些放鬆的方法之後，他知道自己真正需要開展的是尊重自己這個品質，因為，每次當他試著要放鬆或做自己喜歡的事，就會有其他責任、義務來阻擾他。他檢視尊重自己這個品質對自己的意義，所得到的結論就是：讓自己有時間獨處，以及培養令自己愉悅的興趣。所以他又開始玩起早年所喜好的樂器，也讓自己有更多獨處時間，而在他獨處的時間中，有許多美妙及抒情的詞曲湧現腦際，他便將這些詞曲錄製下來。就在他從事音樂創作的同時，他發現自己生命中其他領域的創造力不斷被開啟，尊重自己的感覺也開始增加了；在工作上，他獲得升遷，那個職位讓他賺更多的錢，最後，他還把自己的音樂創作賣給幾家電影公司，那時的他，早已走上一條自己想都沒想過的財富之路上。透過開展尊重自己這樣品質，他所創造的，不僅僅只是獲得想要的金錢，還包括其他許多美好的事物，像是一份喜愛的工作、一個滿意又有成就感的人生，以及一個能讓潛力與技能完全發揮的機會。

我用喜悅、活力及疼愛自己的態度來創造金錢與豐富

如果你知道自己想用錢來滿足哪些需求、帶來哪些較高品質，而你也極力開展那些品質，那麼你所吸引來的金錢或事物，就真的能帶給你喜悅及成就感。但是，如果你並不知道擁有那樣東西能滿足你哪種深層需求、會表達哪種較高品質，就算你能成功地吸引它過來，當你獲得時，你有可能會感到滿意，但也有可

能會感到不滿意。就像現在，你所賺的錢可能比你其他時候都還要多，但是，你卻仍然不覺得自己更有錢、更富有……你內在的需求若是沒被滿足，那麼即便擁有再多的錢，你仍然會覺得不夠。

你可以因為貪婪，用不尊重別人的方法，或是為了其他無法幫助你活出愜意人生的理由來創造金錢，當然，你也不必等到自己有所成長了，才開始了解、發揮內在那吸引大量金錢的潛力。只是你創造金錢與事物的方法，將會決定你的人生課題及成長經驗，假如你是因貪婪而創造財富，那麼你的財富就很可能也成為別人覬覦的對象，要不然就是這筆錢很快就沒了……你很可能會為自己帶來許多與貪婪有關的人生課題，其中包括了憂慮及害怕，而你所吸引來的錢，則很可能會加深、擴大你想要解決的問題。

我所做的每件事都為我帶來成長

今我感到充實有活力

辨別出金錢能滿足你哪種深層的需求，以及自己想要更常經驗的較高品質後，你就可以開始透過許多方法，來滿足你的那些需求以及展現出那些品質。其中一種方法就是，在內心裡列出渴望去體驗的感受，以及能協助你去經歷那些感受的所有活動，同時也要下定決心經常去做那些活動。例如，你想讓自己感到充實、有活力，你可能認為和朋友、家人共度美好時光，在公園散步、看場好電影、花些時間在創作性的嗜好上等等，都是能讓你感到充實、有活力的活動，知道了什麼樣的活動會帶給你活力之後，接下來，你就要常常去做。如果活力是你自認金錢所會為你帶來的，那麼做那些能讓你感到充實、有活力的事，就是使你對金錢、豐富變得更有磁力的關鍵。

如果你不知道什麼樣的活動會令你感到有活力，或是感到祥和（或其他任何你想要經常體驗的感受），那你可以從回想過去自己有上述感受（活力、寧靜）的那些時光開始……當時的你在做什麼？如果你不認為自己曾有過類似的感受，那麼回過頭來看看目前的生活，問問自己，在什麼狀況下或從事什麼樣的活動，能帶給你充沛的活力——即使只是件很小的事。然後將焦點集中在這些令你感到活力十足的時刻，觀察自己當時在做些什麼，以後，你要更常去做這些事。

當你用這種方式來建構，就會發現可以找到更多的方法為自己帶來活力。由現在你已經知道該怎麼做的事開始，不要非得等到自己技術更熟練之後才有所行動，因為彰顯的能力本來就是逐漸開發而成的，你不要試著馬上就要擁有所有的東西，一次一小步，你的成功將會一步步的被建立起來，而你也必定會感到愈來愈有活力（或是任何你想要的品質），直到那些感受成為你自己的一部分。

有位女士知道自己想要的品質就是活力，她知道令她感到有活力的活動包括：在大學裡修課，一週數次、每次花一小時的時間閱讀書籍，以及泡個長時間的熱水澡等。另一位男士想要的品質則是內在寧靜，他知道經常性的運動、週末悠閒的垂釣，以及打造一個小型工作間（能讓自己的作品及工具放在裡面），都會給與他這種感覺。

達成後所會經驗的品質
就是那個能讓你獲得的方法

當你能體驗更多的內在寧靜、喜悅、活力或是任何較高品質，你就邁入了個人進化的下一個階段……你會變得更有成就感、為自己感到開心，同時也開創了一個能展現創造力，能感受自我價值、自愛、自尊，及充滿著有意義、愉快活動的人生。一旦你愈來愈能展現出金錢所帶來的較高品質，那時你就不僅僅只是對更多的金錢有磁力，而是對你生命中各個領域的豐富都具有磁力。你是個偉大又有力量的生命體，你要相信自己值得擁有想像中最美好的人生！

❖遊戲練習——展現較高品質

運用下述練習，學會如何經常地展現個人較高的品質……去想像自己擁有並融入那個品質。

準備

找個能讓自己放鬆且不會被打擾的時段及地方，讓自己達到第一章學習放鬆練習中所談到的放鬆狀態。

步驟

1. 閉上眼睛，想個你想要在生命中擁有更多的品質，像是勇氣、寧靜、幸福、健康愉快或愛等等，最好是選個你認爲可藉由擁有更多金錢而帶來的品質。當你想那個品質時，想像自己可以感覺到它……你感覺如何？能不能將這感受帶入身體裡？當你感覺那品質就在自己的身體裡時，注意你的姿勢或呼吸有沒有任何改變？

2.在心裡勾畫出一個未來的景象，在那想像的畫面中你體驗或展現出那感覺（步驟1的品質）。挑一幕你腦海中的畫面——一個想像出來的未來事件，它代表你將來可能以同樣的方式經歷那種品質。假如，你想在生命中擁有更多內在寧靜，就有可能會聯想到自己通常經歷那品質的情況，想像下一次它又再次發生之際，你體驗著內在寧靜的樣子。要保持畫面簡單，一次又一次地在腦海中重複的播放，去感受在這狀況中你想要的感覺與品質……就好像你已確確實實地擁有它們。

3.注意自己如何描繪這個景象，有誰在這畫面裡？你穿著什麼樣的服裝？或是在什麼樣的背景中？運用你的想像力，儘量詳細地塡滿那畫面。

4.再次觀察你所勾畫的景象，整個畫面是昏暗還是明亮？試著讓畫面更鮮明一些。而在你將畫面想像得更明亮的同時，注意自己對這較高品質的感受。

5.這畫面是出現在你的眼前，就像看電影一樣，還是像你置身於景物之中？畫面是大是小？它是在你的眼前或是離你很遠？試著將畫面想像得極爲眞實，彷彿你就站在那景物之中。

6.如果在那一幕有人和你說話，想像他（她）的聲音美妙動人、渾厚愉悅。再加上悅耳的背景音樂……像是自然的聲音、海聲或是迷人的音樂。

7.將那布景想像得更美，更符合自己的心意，讓整個畫面的色彩變得更鮮明強烈。感覺一下景物中的每樣東西，想像它們聞起來的味道。現在，讓這畫面成爲三六0度廣角、圍繞著你、在你的上方、成爲你的一部分，讓內在寧靜的感覺或是任何你想要的品質，變得更眞實。如果你的思想開始游蕩，只要把注意力再拉回到想像的畫面中，重新再去感受想要的品質就可以了。

8.你愈能鮮明的勾畫出內心的畫面，或鮮活地感受想要的品質，其效果愈好。看見自己陶醉於擁有那些感受或品質，讓畫面變得極眞實，使你幾乎能摸到、聽到及看見，十足地放入自己的情感。

9.讓那個畫面慢慢褪去，隨你喜歡在自己的感受中享受多久都可以，然後睜開眼睛，深深的吸一口氣，再慢慢的吐氣，在此同時，將自己的注意力完全帶回當下的實相裡。

自我評量

你愈能讓自己置身於想像的景物之中，而非在景物之外看它（就像欣賞電影一樣），就愈能快速、輕鬆地創造想要的品質及感受。你愈能將景象及品質的感覺想像得愈真實，就愈能常在生活中體驗到擁有那品質時的感受。如果你無法想像出場景，那很簡單，只要儘量經常記得去想那個品質，如此，也能將那品質吸引到自己的生活中。現在，想像自己正在體驗那品質，將這種感受帶進身體內，同時，盡可能將這種感覺變得真實。

第三章

找出自己要什麼

對於一些特定的事物、金錢的數目，以及其他你想要創造的東西，你可能會有許多想法，其中有些你想要的東西，能幫助你更完整地表達自己的較高品質，有些就不見得了。你可能曾有過類似的經驗，那便是當你獲得某樣你自以為很想要的東西，卻赫然發現它無法帶給你預期的滿足。你可以學會只吸引在表達較高品質、滿足你深層需求，及讓你對自己所創造事物感到滿意這些方面，能夠成為你的最佳工具的事物。

在下一章〈吸引你想要的〉章節中，你將學會如何運用能量與磁力吸引來自己想要的東西。但在磁化（Magnetizing）之前，你會想先弄清楚自己想要什麼，會想知道哪樣東西會為你帶來什麼本質，能滿足你哪些需求，以及哪種較高品質是你可以更充分展現以滿足那些需求的。

在這章裡，你將學會如何弄清楚自己想要的本質及其具體的形式（如果你知道的話），然後，當你將你所想的加以磁化時，它就真的會來到，而且會以令你真正滿意的形式到來，帶給你喜悅；結果你所吸引的，將會比你所想像的還要好（譯注：如果你將含有鐵質的釘子通電做成含有磁力的磁鐵，因鐵丁內含鐵質，所以它的磁力就只會去吸引含有鐵質的東西，這整個過程就叫做磁化）。

無論你知不知道所要事物的具體形式、數量或外觀，你都能有效的吸引，然而你一定要知道自己所要的本質，才能成功地吸引你所想的。事物的本質可以是你希望它發揮的功能、你之所以用它的目的，或是你認為它能為你帶來的。除了你心中所想的東西之外，其他東西也有可能帶來你想要的本質，因此，你要開放的讓自己想要的，以最適當的方式、大小、形狀或者是形式到來。

我知道自己想要的本質

同時也真的獲致那本質

知道了自己想要的本質，就等於為自己創造了許多可能獲得的方法。例如，你想由一部新車獲得的本質，是要它成為一部更值得信賴的交通工具，除了真正去買部新車外，你可能還可以找到其他許多獲得那本質（值得信賴的交通工具）的方法，假使你並不知道自己想要的本質是什麼，那麼，你就有可能會買來一部和原來舊車一樣經常出毛病的新車。

有位女士想要一部新車，因為她的車子經常出狀況，尤其在夜間行駛時，心裡老是會犯嘀咕，深怕車子拋錨。她並不是真的討厭原來的車，或是有買新車的預算，只是她認為要擁有一部性能良好、值得信賴的交通工具，唯一的辦法就是買部新車。於是，她讓自己靜下來想像一部新車，同時將她要這部新車的本質加以磁化（性能好、值得信賴），巧的是，之後她原來的車子竟然就不再故障了！這樣又過了許多年，她才真正去換車，而她的新車也和舊車一樣性能良好、可靠。即使她所要的本質（性能好、值得信賴）不是以她想像的形式（新車）到來，但是卻來得很快速（原來的車停止故障，變得很可靠）。

你或許想要一件新的外套，具體明確的了解你所想要外套的特點，將會引導你清楚外套所會帶給你的本質。你可能會決定說：「這外套要非常溫暖、樣式不錯，而且還要耐穿。」清楚了自己所要的本質後，你會發現有許多外套都能滿足這樣的需求，就像你可能會發現除了外套之外，其他像是毛衣或者比較厚的運動衫也不錯。清楚了自己想要的本質（溫暖、樣式不錯、耐用）後，就會增加那本質可能到來的形式與方法的範圍（毛衣或厚的衣服都可）。若是，你弄不清楚自己想要的本質，那麼就有可能會買到一件天冷穿不保暖、下雨時穿又不防水，要不然就是不如自己想像中那麼耐穿的外套。

你或許並不確定，什麼樣的特點才是最符合自己的需求……就像你可能想要一棟新房子，卻不知道它會座落在哪裡，或是會有幾個房間，像這樣的情形，你就可以確實弄清楚自己想要這房子在生活上發揮怎樣的功能，或是你將如何運用它。你可能要求採光要好，使你能享受清晨的陽光，要靠近綠地，以便你可以散散步、接近一下大自然，要有足夠的空間，使你有地方從事自己的嗜好，隱密性要好，住在裡面會有開闊舒暢的感覺等等，以上特點，便是你要那房子的本質（採光良好、接近綠地、有空間可以從事自己的嗜好、隱密性良好、住在裡面會有開闊舒暢的感覺）。

我對自己創造出來的每樣事物都感到滿意

若是你只將焦點放在新家的外觀，或只是詳細想像整間房子的狀況，卻不清楚你要它發揮的功能，那麼，你很可能就會買棟房子，外觀看起來和你所想像的一樣，但卻無法真正滿足你的需求。如果，你買房子只是因為它討喜的外觀，卻不知道自己想在這屋子裡做些什麼（像是招待朋友、儲藏東西，或是設個辦公室），結果就有可能令你大失所望……那房子要不是空間太小，讓你不方便招待朋友、不適合儲藏東西，要不就是房間太少……儘管能詳細地想像出整個房子的樣子是很好的（如果你能的話），甚至連牆壁的顏色等細節都想像得出來，但是，你也要清楚自己為什麼要這些特色，一旦知道了自己想要的本質，你吸引來的東西就會如你所望地帶來你想要的。

即使知道了想要事物的形式，你還是要弄清楚其本質。為了找到那個本質，你便需要儘量具體、明確，例如你想要一台新電視，想想自己要什麼樣的顏色、特質、選擇，然後問問自己：「為什麼我要的是這種特色而不是另一種？」等你愈來愈明確、具體之後，便能發現自己想要的本質。如果你曾經設計或建造過東西就會比較容易明白，在設計或建造東西之前，需要事先想到所有想要的用途及功能，這樣做出來的東西才會符合你真正的目的與需求。

我所創造的東西比我想像的還要好

如果你想要的不是件具體的東西，而是像富有或快樂這類較抽象的概念，問問自己，你要如何才會知道自己是快樂的？要有多少銀行存款才認為自己是富有的？月收入要多少？要有多少額外的錢，可供自己花費在想要的項目上？當你要求額外的一筆錢，但沒有提到數目，你就很有可能獲得一筆額外的錢，但卻不是你心中所想的那筆沒說出口的較大數額的錢。讓自己去要一筆數額明確的金錢，就用這個數目或更大的數額作為磁化的依據，同時也去想像這筆錢所會帶給你的本質，以及你要它幫你展現的較高品質。

當你將自己想要的某個具體事物磁化時，問問自己：「有哪種本質或功能是我希望由這事物中獲得的？我會怎麼用它？這種獲得形式是唯一可被接受的方式嗎？我的心是否夠開放，願意讓最好的結果產生？有沒有其他的形式也能發揮同樣的功能，甚至比這更好？我是否可立即擁有想要的本質，而不必等到購買某樣特定的物品或獲得這筆錢之後？」當你進行磁化時，你可以想像你想要的那樣東西，具備了你要的功能且符合你的要求，或是去想像那樣東西符合你的要求，同時你也願意讓它以最好的形式到來，以上兩種方法都有效。

清楚了自己所要的本質，當它真正來臨的時候，你還要學會認出它來。有位女士想另外找間公寓搬家，她明確知道自己想要的是間「有陽台、採光好、鄰近公園」的公寓。她也清楚那樣的公寓會帶給她什麼……陽台讓她能整理出一個小菜園種種蔬菜，鄰近公園則使她能有機會常到户外，穿梭於樹叢間，吸取新鮮的空氣。

她運作了能量來吸引具有那樣本質的公寓，不久之後，她認識一位從事農業的朋友，那位朋友不但經常送她許多新鮮的蔬菜，同時也和她一樣喜愛户外，有許多週末，他們相邀至一些景致幽美的地方登山、健行、露營，有一天，這位女士突然領悟到，自己其實已經獲得她希望由一間新公寓所獲得的本質：有新鮮蔬菜，能到戶外、穿梭於樹叢間，並獲得新鮮的空氣——新朋友常送她新鮮蔬菜，他們也經常一起到戶外健行、露營，呼吸新鮮空氣，而它來的方式，竟然比原先自己所想的還要好。

若是你有個想要的東西還沒有得到，那麼，不妨去發掘看看什麼是你想要的本質。你的靈魂會為你帶來你所渴望的本質，雖然它可能不是以你預期的形式出現，你所要的本質或許早已存在於你的生活中，而你需要做的，就只是認出來。

想要成功的去磁化及吸引，便要將自己的焦點專注地放在創造自己想要的事物上，而不是放在擺脫你不要的東西上。有許多人並不清楚自己要什麼，但卻十分明白自己不要什麼。如果你完全不知道自己要什麼，那麼，不妨觀察自己生活周遭，看看有哪些你不喜歡的事，再依據那些不喜歡的事物，要求一個與其完全相反的。純粹就只是為了好玩，你可以問問周圍的朋友，什麼樣的事物會令他們感到快樂，或是生命中有什麼是他們想要的，你將會驚訝的發現，有許多人會由自己所不喜歡的事物談起，而不是由自己喜歡的、想要的說起。

對於每個你所不喜歡的狀況，你要盡可能清楚地將它替換成自己所喜歡的狀況，同時要以極為肯定的、事實已然存在的語氣，將你想要的用肯定語來聲明，你不要說：「我不想再為了支付帳單而煩惱掙扎。」反過來你可以說：「我很輕鬆的支付每個月的帳單。」

磁化、吸引相當重要的另一個層面就是：要確定你所要求的，是你能想像自己去擁有的東西。假如，你想要千萬財富，你是否真的能夠想像自己擁有這些錢的樣子？千萬財富對你而言或許過於虛幻，特別是當你連想像自己每個月能輕鬆、準時付房租都有困難時，或許，也正是因為你對自己可能擁有千萬財富的信心過於薄弱，以致無法使你在一段時間內成功地將這筆錢吸引過來，而獲得成功吸引的經驗。

從你可以想像擁有的那些事物開始要求起是最好的，因為由那些你相信自己能創造出來的開始，你就能得到成功運用磁力、能量的經驗，而那些成功的結果，便會增強你的信心，讓你覺得自己有能力創造出所要的。

每個成功都是建立於之前的成功上，在你的潛意識中隨著這些成功的經驗，你會對自己彰顯的能力建立愈來愈強的信心，在如此的自信下，使你獲得了更多為自己創造豐富的能力。

當你經歷了成功，便會開發出自己的信心及內在的認知，讓你覺得創造成功是極有可能的事，即使在一開始，你並不認為自己能成功地創造出來……重要的是，當你準備好為自己的人生吸引來某樣東西時，你內在的那份認知、那種內在的感覺……就是知道自己可能或極有可能擁有所要的東西。

吸引自己真正想要的，就是去吸引自己準備好要獲得的，並且對擁有它能感到興奮。如果，在你想到自己要什麼之後，卻發現自己還沒準備好要去追求並把這件事當成最優先的焦點，那麼，你最好別再去想它了，把你的能量轉到其他對你真正有意義的事物上。如果你並非真的得到動機，如果你不是真的清楚自己擁有某樣事物的意圖，可能就無法將它吸引過來。

吸引自己真正想要的，而不是經過妥協、打過折後的東西。一件經過妥協、打過折的東西，很少會讓你感覺興奮到足以激發自己，使自己願意做任何需要的事來得到它。如果你不認為自己能創造出真正想要的，那麼，最好也別去要個同樣無法刺激你、讓你獲得創造動機的替代品。

你們許多人心中都有份想要但還沒有得到的事物的清單，每回提到它，你就會想到單子上那些未完成的事物，就像是提醒你在創造上的失敗。你現在就去列張單子，將自己認為很想要的每樣都列出來，然後逐項地做一番靈魂的探索——你真的想要單子上所列的那些東西嗎？這當中有沒有一些項目是源於過去你覺得自己應該擁有什麼的舊畫面？刪除所有不重要的，直到剩下那些你認為相當重要，也真的很想將它創造出來的。

你有創造自己喜愛事物的動機……那些能帶給你喜悅，而非只是讓你鬆口氣的事物。你們有許多人對自己說：「我應當去創造金錢來償還債務，將我的車子送修，或是做這做那。」你要知道，應當這種想法是不會提供你足夠的情感能量來創造豐富的，它不是來自於你的大我。對大多數人而言，應當償還債務的想法，是不足以產生創造動機的，除非當中存在著一些樂趣……像是健康愉快的感覺，以及看著債務消失的滿足與成就感。你最好要知道，有些清單上的東西你其實並不真的那麼想要，所以何不將焦點專注地放在獲得你真正想要的事物上。

我的能量被集中導引到我的目標上

一旦認定了你的目標是值得去獲取並放諸能量，接著，你就要將這目標列為最優先。你或許並不需真的奉獻出許多能量，但是若有需要，你也要真的願意為這目標付出。選一、兩樣自己可以在生命中創造出來的事物，將焦點集中在上面，問問自己：「有什麼最重要的東西，是我即刻就能在現今的生活中創造出來的？」然後開始著手創造。你可以擁有任何你相信自己能擁有的事物，同時立即就能開始得到任何你想要的本質。

你要有所覺知，一旦開始使用能量與磁力來創造，你就一定會得到你所要求的事物，通常，它會比你所預期的還要容易的多。你所要的當中有許多會藉由一般的管道而來，像如果你經常購買物品，那麼你所吸引的物品很可能就會透過交易而來。不要因為事情來得自然、容易，就認為能量的運作是沒用的！你或許會說：「事情這麼容易就達成，或許即使不運作能量、磁力，一樣也能得到它。」

你磁化、吸引的技術是會進步的，並會發現一些新的技巧，所以你會愈來愈容易獲得想要的，一陣子以後，整件事看起來，會讓你覺得自己似乎什麼也沒做，但還是得到了所要的。當你獲得了一直很想要的東西時，千萬別忘了恭喜自己，同時，內心要有已成功地將它吸引過來的認知。你要願意將來到的每件事物，都當成是磁力成功運作的指標，要知道，每個成功的經驗，都會使你更容易創造出下一個想要的東西。

❖遊戲練習——找出自己要什麼

爲了整合你至目前爲止所學習到的東西，現在，想一件自己很想在生活上將它創造出來，同時是自己能力所及的事物。

1. 盡可能具體的寫下自己所想創造的。

2. 你能要求一個比它1.還要好的東西嗎？

3. 需要有多強烈的意圖方能得到它（付出多少的時間、能量、信諾）（譯注：信諾指的是對一種想法強烈的相信，並且定期的去實行這個想法）？

4. 你之所以想擁有這樣東西、這筆錢或是事物，是希望它會幫助你展現哪種較高品質（內在的平安、活力、自由、愛）？

5. 列出幾種現在就能體驗那較高品質的方法。

6. 你期待那事物能帶給你什麼樣的本質？例如，一棟新房子可能代表你希望有更多的空間、陽光、隱私或寧靜的環境等等的渴望。

7.有沒有另一種能使你獲得相同本質的方法?其他的哪些東西能提供你什麼想要的本質?

清楚自己要什麼，會讓你在將想要的事物帶入自己生活中這方面，變得非常有力量，同時會令你眞正感到滿意。清晰會使磁力變得更有效，你會想要把事物本身、它所會給你的本質，以及因擁有它而得到的品質等加以磁化。

第四章

吸引你想要的

在行動之前事先運作能量與磁力，就會更容易將你所想的金錢、人、事物、形式等吸引到你的生命中。要用能量來創造，首先要讓自己的身、心、靈達到放鬆、寧靜的狀態，然後，再將自己想要事物的影像、象徵或是想像的畫面帶到腦海中。要吸引自己想要的，要先產生一股磁力方能將事物吸引過來。

你無時不在運作能量與磁力，雖然通常你並不曾察覺。你能學會有意識的運作能量與磁力，來強化自己思想的力量，以便將腦海中想像的東西創造出來。清楚自己要什麼，再加上短短幾分鐘磁力與能量的運作，就能令你創造出比數小時辛勤工作還要豐碩的成果。

你時時都在散播能量，你所散播出去的能量可能會為你吸引來你要的，也可能反而將你所要的排斥掉。你可以學著增進自己磁化的技巧，讓自己對所要的事物變得更具吸引力。透過能量的運作，學會放鬆、專注、視覺化及想像力的運用，來開始將你所要的加以磁化。

磁化涉及到磁場的產生，磁性線圈的影像則是用來幫你想像及感受磁力。你能將金錢、大大小小的事物，及一些不明確、不具體如品質或本質等事加以磁化，以吸引你想要的，你也可以用它來吸引你想和他（她）有工作關係的人，像是雇主或雇員、出版商、技工等等；但是，你卻不能用磁力來改變他人，或是在沒有兼顧雙方最佳利益的情形下，運用磁力來強迫某件事情的發生，因為磁力只能用在吸引對所有相關的人都有利益的事物上。

當你用能量創造時，你創造、創新的能力，有趣的態度及隨性自然的想像力，就是你最好的工具。每次你做了磁力練習（本章後段會介紹），就不難發現自己在思維、感受及想法上的差異。

彰顯是個非常有力量的狀態，也是個恆常改變的狀態，在你每次彰顯時，你的磁力強度以及想像的畫面也可能都會有所不同。去運用及擴大自己的想像力，和任何浮現你心頭的影像、感覺玩玩，在那當中，磁力的感受會比其他任何個別的步驟都來得重要，一旦經歷了這種感受，你就可以在任何想像的畫面中重建那種感覺。

我吸引來金錢、成功繁榮，及豐富的磁力不斷增強

有一些基本法則可以讓你對自己想要的事物變得更有磁力。首先，你最好知道自己所要求的事物，將會成為你表達較高品質的工具，它能使你更常展現你所要的那個品質，而當你吸引的時候，心裡就想著自己所要散播的品質。其次，將你要的本質、特點或具體的形式加以磁化，對於吸引事物是有幫助的，如果你不知道實際的形式，也可以將代表它的象徵予以磁化。象徵物是非常有力量的，因為它繞過了你關於自己能擁有多少的思想及信念。

第三，去要一個你自己所想的或比那還要多、還要大的東西。第四，喜愛並有打算要擁有自己所要的，對於自己想要的，要用正面的態度來思考，因為較高且正面的思想，遠比憂慮、恐懼及緊張的想法更有磁力。第五，相信自己對所要求的事物有獲得的可能性。第六，重要的是對你正在運作將之吸引來的東西，不

要存有需要的感覺，寧可對它抱持某種程度的超然，即便吸引不成功，或結果與自己期待的不同也無所謂，在你提出要擁有某物的請求之後，無論最後結果是怎樣都要去臣服，當它是最恰當的結果。

最容易去磁化及吸引的事物，就是那些和你已經成功創造出來的小東西很類似的事物，甚至是在同樣的價格範圍內。由自己覺得有可能成功創造出來的事物開始是很好的，因為創造出它們會使你獲得回饋，使你對自己磁化技巧的發展產生極大的自信。你可以拿小東西來練習，看看自己能否將創造的能力對準焦點，精確的得到你所要的或是比自己想像的還要好的東西，看看自己能多快、多容易就將那事物吸引過來。當你的技巧進步了之後，你就可以去吸引一些更大、更貴的事物，或是去向自己能擁有多少這個信念挑戰。

當你磁化及吸引的時候，你會到達一點，便是突然覺得所要的東西已被你吸引過來，那有點像是「對上、卡上、這就對了」的感覺，或是能量的建立由最高峰開始有減弱的現象。當你有那樣的感受，這就是磁化已經完成的朕兆，此時你便可以停止運作了。如果你並沒有對上、卡上、這就對了的感覺，不曾感覺更接近於擁有目標物，那麼，你就可以繼續的磁化、吸引，直到你心裡知道能量已經轉變。

你會有能力知道自己的磁力是否有效，藉著觀察及覺知的過程，藉著運作時所產生結果的回饋，這種內在知曉的能力（知道自己的磁力是不是有效）會不時的被開發。在你實際運作的時候，有時你會想多吸引幾次，有時吸引一次也就足夠了。

我用能量來創造自己想要的，好事總是來得很容易

你們大多數的人用了過多的力氣與能量，卻只創造出極小的成果。你可以學會只用少量的能量，卻能有極大的成果。創造任何你想要的事物，都有個最適當的能量需求量，例如，若是你只想要吸引下一頓飯，通常就不需要花上一整天的時間來想它及運作磁力來吸引它，你們有的人就是用了太多生命的主要力量，來吸引像是一頓飯這等簡單的事物，你要學會去感覺「要得到想要的某樣東西，所需要使用的能量是多少？」然後就照這個能量付出自己的能量，不要再多。

你加諸的能量若是過多，反而會造成整件事的負荷。如果你必須不斷的提醒自己去想自己所要的東西，需要不斷提醒自己去運作……如果磁化、吸引對你已儼然成為一種掙扎，而你付出大量能量，卻只獲得小小的成果，或甚至沒有結果，這就表示你所用的磁力太強了。如果你必須使用很多的力量，那就很可能會削弱讓你進展到較高道路的能量流。假如當你想到某件東西的同時，似乎就能感覺它的到來，那麼，你所使用的能量就是剛好的，當然，能量若用得不夠，也會導致無法吸引過來，或是需要花較長的時間，才能成功的將所要的事物吸引過來。能量若是放得太少，你自己會知道，因為你會感覺所要的似乎離你很遠，或者它看起來就僅僅像是自己的一個願望而已。

吸引某件比你現在所擁有事物的能量還要大很多的東西之前，要先學習與那較強大的能量調和。例如你想要一筆很大數目的金錢時，此時，你要先讓自己有獲得這筆錢的準備，你會事先知道要把它存在哪裡，打算怎麼用它，以及它對你的生命將會有什麼幫助，你會想像當自己真正擁有這筆錢時所會有的感受，同時去解決任何與獲得這筆金錢有關的種種顧慮。

在你去磁化並吸引任何比你目前所持有的要大很多的事物之前，先去玩玩戴上能量的遊戲，試著把你將吸引來事物之能量戴戴看，想像自己已經擁有了想要吸引的事物，看看你的人生會有什麼不同。在擁有之前，先學習與所想擁有事物的能量互相調和，將使你對它們更為熟悉，而在你這樣做了之後，對於擁有它們這件事，你就會變得更有磁力。

有種方法可以讓你和那些比你目前所擁有的大得多的事物，在能量的層面上相互調合……就是去擴大你自己的要求。若是你要求的金錢數額遠遠超過你現在所持有的，那麼就試著戴戴比你所要求的金額還要高的金錢能量。持續的嘗試更高的金額，你將會注意到，每當數額增加時，你的感受及思維的方式就會跟著改變。對有些金額的能量，你的感覺或許還好，但如果再增加一些，你可能就會感到有點不舒服。當你嘗試戴上更大金額的能量時，可能就會發現那些最初讓你感覺不舒服金額較小的能量，如今已變得比較舒服了。你要記得，只對自己感到舒服且認為有可能擁有的加以磁化與吸引。

在吸引錢或其他任何事物前，你愈能先對它們的能量感到舒服，它們就會來得愈容易。仔細地觀察你對自己觀感的可能改變、你的感受與生活形態的差異，這樣，應當就能挖掘出許多隱藏在你內心深處的恐懼……像是「擁有了這些，或許就表示我必須承擔更多的責任。」或是「有了這些錢，我可能就要煩惱稅呀、帳呀什麼的，況且別人也會覬覦我的錢。」等等……一旦那些憂慮被處理了之後，對於自己想要的事物就有可能變得更有磁力。

一開始運作這些練習時，你可能不是那麼容易掌握到整個時間點，同時對所得到的結果或許也不是那麼滿意，然而最終，所有的這些步驟都會變得極為自然且自動，而你每次磁化、吸引所需的工作量也會逐漸減少。你所要記得的是，只在自己覺得愉快、有趣的狀態下才去做這些練習，想多常去運作，想吸引多久都可以，幾分鐘或半小時，隨你喜歡。在你熟悉了某種磁力水平後，你可能還是需要多多練習，使你在下一個層級的磁力水平中運作出結果，同時，也吸引來連你都難以置信能發生在你生命中的那些事物。

一旦你熟練了創造某種特別形式的東西，在未來，當你創造這類事物時，通常就只需要去想它，僅僅是這樣，你就已將彰顯它的準備工作做好了。如果你原本相當容易就能彰顯的東西，後來卻發現那股能量流停止了或開始減弱，或者你需要花許多的力氣才能將它吸引過來時，那或許就是你該仔細去檢視自己所在之路的時候了，要特別注意你心裡所出現的任何關於新方向的聲音。

你可以獨自做這練習，也可以和一位夥伴或是一群人一起做這個練習。如果你是獨自練習，便可以將這些運作的指示先錄下來，然後在你練習的時候將它播放出來，跟著帶子一步步的建立你的磁力。如果你有夥伴，就可以要求夥伴唸出這些步驟。如果你是和一群人一起練習，可能就先要指定你們當中一個人，來為整個團體唸這些步驟。若是你省略了第一章放鬆的練習，那麼在運作磁力的練習時，要能確定你的身、心、靈是在一種放鬆、集中、寧靜的狀態下。你也許想把自己所要求的東西記錄下來，同時，在它真正到來的時候，你要願意認出它來。

❖ 遊戲練習——一般性磁化過程

你可以用這個練習，學會如何用能量及磁力創造自己想要的東西，它可以是件很小或很大的物品、一筆錢或是你所想要的本質。

準備

選一件你想要的東西，重點是在心態上要相信自己有得到的可能，要用正面的觀點來想，心裡也要有擁有的打算。對於它所能帶給你的較高品質，要盡可能地明確、具體，當你在磁化的時候，就去想像這較高品質。除了品質之外，如果知道的話，你也會想把它所會帶給你的本質、具體的形式或是金錢的數量等等都加以磁化，然後，擴大你的想像，看看你能不能要求得更多。如果你不知道那具體的形式，也可以用代表它的象徵加以磁化。現在，花點時間想想你自己要什麼，你可以使用第三章的遊戲練習〈發現你所要的〉，來幫助你盡可能地清楚自己要的是什麼。

找個地方，讓你可以有幾分鐘不被干擾的放鬆及思考。好好地放鬆並準備好你自己，讓你的身心靈狀態達到如第一章學習放鬆練習裡所講的一樣。你要記得，磁力的感受才是這整個裡面最重要的。在這練習中，我們之所以使用線圈的圖像，純粹只是因爲它對人們獲得磁力的感覺極有幫助，效果也最好，一旦你達到這種磁力感受的狀態，在未來，你便可以隨意使用任何有助於你重建出這感覺的圖像或是思想。做這個練習時，會用到你的想像力，它不會有做對了或做錯了的問題，一切隨性就好。磁化時，若是能用上你自己創造、發明的能力，同時去玩玩自己的感受與想像的圖像，其所帶來的結果就會是最好的。

步驟

1. 想件你選好要磁化的東西。如果知道的話，對它的細節要儘量地明確、具體，包括它所有的功能、特質……那就是你所要的那個本質。

2. 去感覺或想像你所要的事物及其本質，盡可能將畫面想得眞實……創造一幕你已收到的景象，讓自己整個融入擁有它的那份美好感覺中，接著，就像第一章學習放鬆練習裡所談的一樣，去提高你想像的能力。如果你無法在腦海中看見自己所要的東西，那麼就盡可能鮮活的想像自己得到它時所會有的感受，或者，挑個能代表它的象徵，就用那象徵來運作，每當你磁化、吸引或是想到你所選的那樣東西，就去用相同的畫面或是象徵。

3.想像你內在有個能產生能量的力量來源，同時想像線圈一圈圈的繞，由你體內太陽神經叢附近的區域開始，向外、向上的擴展出去。現在，開始從那來源將能量導入到線圈裡，讓能量在線圈中循環。有許多人認爲那力量來源像是來自於他們的大我或靈魂，或是來自於一個可能被稱爲宇宙之心、神或一切萬有的更高力量。任何時候，只要你的感覺對了，你都可以使用這個來源的力量，也能以任何你感到自在的方向來旋轉整個線圈。

4.你認爲需要多大的線圈才能吸引來你所要的……在你想著自己所要的事物並加以磁化時，就想像那線圈有那麼大，它需要涵蓋你整個身體，或是更小、更大一些？要導入多少力量才足以吸引來你想要的？運用你自己的想像力，玩玩不同大小、形狀的線圈及線圈中能量的強度，直到你感覺對了。這樣做了之後，你便開始在自己周圍建立磁場，也開始吸引來你想要的，就像磁鐵將鐵吸引過來一樣。

5.吸引的時候，看你決定要把吸引來的東西帶入自己能量的哪個地方，也許將它帶入你身體內某個特別的部位。你也可以想像從你的心、喉嚨或是你的頭部伸出一根線，讓它連上你所要的東西，然後把你所要的拉過來。你也許會要想像這東西直接來到你的手上，或是想像將它散布全身讓你感覺到更爲舒服。舉例來說，一大筆錢可能影響你人生的許多區域，於是，當你吸引這筆錢時，你可能就會想像將它散布在全身及四周，而不是把它放在某個特定的部位。

6.建立好線圈後，去想像在擁有這件東西之前，需要先發生什麼事……有一些步驟需要先被採取，有些事件需要先發生，才能使你獲得想要的。你能夠控制哪些步驟及事件發生的速度……是一天一件、兩件或是五十件。藉著想像或得到的感覺，看看當中會包含多少的事件或步驟，你便開始運作了彰顯中的時間因素。試著加快或減慢事件發生及步驟採取的速度，直到你感覺整個速率對了，如果你太快吸引來東西或是一筆金錢，就會產生壓力或是感到緊繃。你會找到最適合自己的改變速率。

7.觀察你的姿勢及呼吸，注意只要稍微調整姿勢及呼吸，就能增進磁力的感覺。

8.持續把能量導入磁力線圈中，直到你覺得達到能量充沛的那一點，你可能會有對上、卡上、感覺對了的感受，或是有能量飽和之後的停頓，或開始消退的感覺。你內心可能會有份確定感——知道自己一定能夠得到所吸引的事物，當你獲得這份確定感時，也就是你停止去吸引的時候了。你會注意並感受到能量的建立、達到尖峰、然後開始消退的整個過程。建立自己的磁性線圈，同時在感覺舒服的前提下，想吸引多久就吸引多久。但是如果做這件事已變成一種掙扎或壓力，或是感到有阻礙，就停下來——你做得已經夠多了。去探索要用多少能量來吸引所要的，才是最適當的。

9.現在進入你的內在、問問你的大我，你需要多久運作一次，才能吸引來自己所要的。

10.慢慢離開你現在的意識回到日常的狀態，伸展你的身體。在未來數天中，要注意你是否有任何關於這東西或是該如何才能獲得它的一些洞見與想法。

自我評量

持續做這練習直到你能感受、想像或是體驗到，你所建立的線圈及自己送出去的能量。如果你能感受能量的建立然後消退，或是有對上、卡上、對了的感覺，或能量建立已完全，或是所建立能量開始減退的感覺，那就表示你已開始進行吸引了。一旦你對吸引小東西感覺自在，那麼就可以用這個練習，來吸引某件對你而言是個極大挑戰的東西。

你可能也注意到，每次磁力線圈的大小，會隨著吸引事物的不同而有差異，有時線圈很小，在其中循環的能量也很少，有時你則需要一個大一點的線圈及更多的能量；有時你會想持續吸引至少一分鐘或者更久，有時幾秒中的吸引也就足夠了。要記得的是：對你所要求的保持一份正面的想法，同時對於獲得要有某種超然的態度，即便它不是以你期待的方式來到也無所謂，接受任何的結果，就當那是最恰當的結果。

❖遊戲練習——吸引你還不認識的人

你能運用以下的練習來吸引你還不認識的人。這個方法對吸引潛在的雇主、雇員、技術員或其他將和你有工作關係的人最好（請注意，這個練習並不是設計來吸引靈魂伴侶或是親密關係的人）。

準備

找個地方，讓你可以有幾分鐘不被干擾的放鬆及思考。好好地放鬆並準備好自己，讓你的身心靈狀態達到如第一章學習放鬆練習裡所講的一樣。

步驟

1. 想個自己想吸引來的人，仔細想想或是寫下這個理想人選所應具有的特質，不要遺漏任何一項。他（她）要有怎樣的態度？需要具備哪些知識或技能？你和他（她）

的關係如何？盡可能的完整、具體。

2.現在創造出一幕場景，想像在當中你和這個人有良好的互動關係，或是想像你對他（她）的那份好感。

3.想像在你的心的區域有個力量的來源，能量在那裡產生，然後，想像線圈一圈又一圈的繞，從你體內接近心的區域開始，向上及向外擴展出去。開始從你力量的來源處將能量導入線圈中，讓它在線圈中循環。旋轉你的磁力線圈，任何方向都可，只要你感到自在。

4.一旦能量開始在線圈中循環，這時，你要釋放掉任何需要的感覺。你當然也可以拿那份需要的感覺來磁化，但它卻會沖淡整個吸引的效果。要保持超然的態度，臣服地讓最好的人到來。你要知道，你無法強迫任何人做任何違背他們意願的事，你之所以能夠吸引來這個人，純粹是因爲這整件事符合你們彼此的最高善。

5.當你將能量導入線圈，同時從你的心將這股能量送出去時，心中要想著那個理想的人，想像你們兩人有種心靈上的連結。當你和他（她）接上時，想像你有能力和他（她）的靈魂溝通……在內心裡對他（她）所會爲你人生帶來的總總好事表示感謝，並告訴他（她），你也會為他（她）的生命帶來美好事物。

6.當你把能量導入線圈中，儘量依照你認為所需的大小來想像線圈，並且將愛注入到線圈中的能量裡，送出熱忱邀請的感覺，你所送出的愛愈多，磁力就會愈強。想像你看著那個人的靈魂，或許只是看著他（她）的眼睛，感覺你們兩顆心因連接所不斷增強的磁力，請求讓你們因彼此的連結而為雙方都創造出最高善。

7.開始感覺他（她）進入到你的能量場裡，就像由他（她）夢中走入你的實相中，直到你幾乎能感覺他（她）就在面前，事先對他（她）所會提供的協助表達你的感謝。

8.觀察你的姿勢及呼吸，注意只要你稍微調整自己的姿勢及呼吸，就能增進磁力的感覺。

9.持續地磁化、送愛、吸引這個人，直到你有對上、卡上、感覺對了或是完成了的感覺。有時你立即就會有連接上的感覺，就好像這個人現在就在這裡；有時卻會感到空空的，什麼也抓不到，如果有那樣的狀況產生，就再去想想你所要連接的那個人……這有可能只是因吸引的時機已過，或是你需要徹底的思索這整件事。通常，當你和所要找的人連接上，你會有非常強且很容易就能辨認出的一種這就對了的感覺。

10.現在進入你的內在問問大我，你需要多久做一次練習來吸引來這個人。

11.慢慢離開你現在的意識回到日常狀態，伸展你的身體。在未來數天中，要注意是否有任何關於如何才能與這個人連繫上的洞見與想法進來。

自我評量

要絲毫不差的吸引來你所要的人，是需要透過練習的，並且願意相信自己值得被別人服務。持續做這個練習，直到你能感受、想像或是體驗到自己所建構的線圈及所送出去的能量。如果你能感覺能量的建立然後退卻，或是完成，或是一種對上、卡上、這就對了的感覺，你就已經開始接觸並且吸引你所要的那個人了。

有個女士運用這個練習，希望能吸引來一位能幫她做家事、照顧她生活起居的人，卻老吸引來反而需要她照顧的人。後來她終於領悟到，這一切就是因為她不相信自己值得被別人服務。於是，她加以運用「自己值得獲得完善的協助」這肯定語，來改變自己原有的信念。很快地，她就吸引一位非常棒的女士來協助她，而且一直做到現在。

要記得你所吸引來的人，會是你的一面鏡子⋯⋯如果你總是過於勞累，以致於無法遵從自己的較高道路，那麼就很可能會吸引來一個也常因疲勞而無法把工作做好的人。你可能已注意到，自己所吸引來的人有個共同的模式。例如，如果你經常吸引來不尊重自己的人士，可能就是因為你也沒有尊重自己，這些人僅僅只是你自我模式的反射。去改變自己內在的模式，然後再運用這個練習，來吸引你想要與他（她）連結的人。

❖遊戲練習——吸引一群人

你可以用這個練習來吸引客戶、對某個計畫有興趣的人，或是你能以某種方式協助或服務的人。

準備

找個地方，讓你可以有幾分鐘不被干擾的放鬆及思考。好好地放鬆並準備好自己，讓你的身心靈狀態達到如第一章學習放鬆練習裡所講的一樣。由於這個練習所用到的圖像及技巧，是由一般磁化及吸引你還不認識的人這兩個練習所開展出來的，因此你要先完成前面兩個練習，才來做這個練習。

步驟

1. 去想自己想要吸引的人，思索或是寫下這些人所具有的特質。他們的興趣是什麼？你要如何服務他們？當你想到他們的時候有什麼感覺？你跟他們之間的關係如何？要盡可能的完整、具體。

2. 創造一幕場景，想像在當中和這些人的互動，或是鮮活的感受到自己對他們的好感。

3. 磁力線圈由你的心開始建立起。首先，將這線圈做成跟自己身體一樣的大小，然後，再依自己的感覺盡可能的加大它。想像你衷心邀請那些你能藉由工作給與協助之人的靈魂，感覺你將他們吸引過來。在心裡告訴他們，藉由你所提供的東西，將會如何協助他們改善自己的生活（例如，如果你販賣產品，就在心裡告訴他們這個產品會幫助他們，使他們的生活變得更好）。當你把焦點放在服務或幫助人們上面，你就會變得非常有磁力。你要去邀請那些尊重並看得出你工作價值的人，你寧可只吸引來一個尊崇你工作的人，而不是吸引來三個看不出你工作價值的人。不要將焦點放在人們會給你什麼，或是想要由他們那裡獲得什麼，因爲當你這樣做時，你是沒有磁力的。你要知道自己所提供的要符合他們的較高善，同時，在心中將這想法磁化。

4. 當你導入能量並且讓它開始在線圈中循環時，要釋放掉任何需要的感覺。保持超然，臣服地讓那些被你的工作所吸引及對你的工作有益的人到來。要知道，你無法強迫任何人做違背他們意願的事，你之所以能吸引這些人，是因爲這件事符合了你們彼此的較高善。

5. 當你將能量導入線圈中，並將這股能量從你的心送出去時，想著自己在步驟1.所要吸引的人，先感謝他們給與你機會去服務他們。當你將更多的能量導入線圈中或是讓線圈變得愈來愈大時，想像這磁性線圈不斷向外延伸到你所居住的城市、省分、國家及全世界。

6. 想像當人們跟你連接時，就好像燈泡亮了的感覺。你看見周圍先是數百然後是成千上萬的燈泡被轉亮了。想像這些光芒來回穿梭於你自己與所有你所接觸的人。你的感覺如何？盡可能讓自己的想像變得更眞實、更創新。譬如你要用自己的工作吸引接觸的人來，想像你一週若是延伸出十個新客戶會是什麼感覺？去感知他們的能量，讓增加十個新客戶成爲你實相的一部分。當你一週眞的多出那個數目的新客戶，對你的生活會有什麼改變？現在，想像自己一週就能有二十五個新的客戶。

7.持續的想像自己與愈來愈多的人連結，想像在工作上你一週有五十、一百甚至更多新的人、客戶到來，並因此以某種方式獲得幫助。

8.當你和愈來愈多的人連結，感受自己生活上因此會有的改變。當你想像的人愈來愈多，試著調整心中的畫面，讓你能很自在、舒服地將這些人擺在畫面中。如果開始你的感覺並不是很自在，就繼續用不同的方式去想像，直到你可以自在的將這些人放進畫面裡。你愈能輕鬆地想像那畫面（自在、舒服地將他們擺在那畫面裡），你就愈能將它彰顯成實相。然後要求自己所需的生活形態、商業架構及協助，以幫助處理這些因你工作所來到的這許多人。

9.觀察你的姿勢及呼吸，注意只要你稍微調整自己的姿勢及呼吸，就能增進磁力的感覺。

10.在你感到最舒服與自在的某個磁力狀態下停止。要知道，在每個磁力的層級下，對所吸引的人數都有最適當的設定，讓你能在愉快可接受的狀態下，與這數量的人接觸。

11. 現在進入自己的內在問問大我，需要多久做一次吸引。

12. 慢慢離開你現在的意識回到日常狀態，伸展你的身體。在未來數天中，要注意是否有任何關於如何才能接觸到這些人的洞見與想法進來。

自我評量

注意之前你想像連結多少數量的人時，會讓你覺得不舒服、不自在，或是無法想像的，就用稍少於那數量的人數想像與其接觸，同時，儘量將那感覺變得愉快、輕鬆、充滿光。在自己準備好時，就可以把人數往上加。一旦你學會舒適、自在地吸引較多人數時，你會為自己創造一些能量上的必要改變，使你能成功地將這些人帶入自己的生命中。

❖遊戲練習——集體吸引

有種最有力量的吸引方法，就是集合其他人一起送能量給當中的每一個人，幫助他創造出所要的東西。團體的能量能將個人創造金錢、事物及形式的能力增強好幾倍。一個持有共同想法的團體，會比一個單獨的個體，更有力量將那思想變成實相。

準備

這個練習能在任何地點操作，包括像餐廳這樣的公共場所。開始之前，先挑選出一個人來帶領練習，這個人要掌握整個輪流運作的流程與步調，同時還要協助別人弄清楚他們自己所想要求的東西是什麼。

步驟

1. 一開始先由帶領人將下列的事物解釋給其他人聽，讓大家都能了解：

a.一個人一次只能要求一件事。

b.團體中其他的人就針對那人所要求的事物予以磁化（在時間許可下，如有人想要對自己要吸引的事物略作簡短說明的話，就可以讓他們說明）。

2.帶領人先請團體中所有的人靜下來，想想自己所想要求之具體、明確的事物，然後由帶領人在團體中挑選出一個人作為開始。

3.每個輪到的人必須告訴大家，他希望整個團體協助他磁化的東西是什麼。帶領人一方面要協助輪到的人儘量弄清楚自己所想要求的，另一方面還要維持整體運作步調上的流暢與平穩，盡可能在兩者間取得平衡。

最成功的結果通常會是那些明確、具體、同時對提出的人來說，似乎也有可能擁有的請求。例如，有人想吸引金錢，便要儘量具體、清楚地表達像是「一個月要有多少收入」等。若是有人要求的很模糊，像是想要「幸福」等等，這時，帶領的人可能就要問他，當幸福來時，他要如何得知那就是幸福，這將能有助於他知道自己所要求的是什麼，所以當它眞的來臨時，他就能夠認得出來。如果有人所要求的東西是難以想像的，或是這個人根本就不清楚自己要什麼，這時，就可以去想個象徵來代表他所要求的事物，而團體中的每個人就專注在這象徵上。如果有人說的太多、解釋的太長，都會讓整個團體的能量潰散，所以帶領人要協助每個人能敘述簡短、掌握焦點。

4.當輪到的人說完他的要求之後，所有的人都閉上眼睛，團體中其他的人開始將能量傳送給輪到的人，而輪到的人在接收別人能量的這段時間，便可以去想擁有了自己所要求的事物、金錢，將會如何有益於自己及其他人的最高善，也可以去想所要事物的本質，它所會帶來的較高品質，諸如愛、寧靜、活力及喜悅等等。

5.有數不盡的方法可以將能量傳送給某個人。運用想像力，使用自己感覺不錯的方式，以好玩、富有想像力的心來面對腦中的畫面。在整個團體第一次運用這個練習的時候，帶領人可以告訴大家，只要用很短的時間就可以接收到能量，當大家傳送能量時，帶領人要密切注意傳送的能量，你有可能會感覺能量到達高峰、然後開始下滑，這一切通常只發生在三至五秒中。當整個能量開始下滑，帶領人就要喊停，或許可以說謝謝大家來作爲結束。

6.人們常常在傳送能量之後，會很熱心地想要將自己在傳送中所看到的景象、所接收到的想法與洞見，拿出來分享、討論。如果時間夠，你可以安排在每一次傳送、接收能量之後，讓大家簡短地分享所獲得的體驗及洞見，當然也可以等到整個團體的所有要求都磁化之後再做分享。帶領人需要掌握、監控分享的時間，確保整個過程步調的平穩、流暢，同時能量都維持在較高的層次。

7.當某個人完成了吸引的運作，帶領人就可請下一位開始說出他的要求，然後再一次磁化、吸引的過程。要多常做集體吸引都可以隨自己喜歡，只是擔任帶領者的人，一定要確定每個循環都是開始於能量還很高的時候。

自我評量

在整個集體運作結束時，會產生許多能量，大家可能會想將這些能量回饋給人類、動物、植物、山川或整個宇宙。回饋的方法非常簡單，只要大家安靜地坐在一起，想像將所產生出來多餘的能量散播到這些地方，讓能量得以被他們所運用，對他們有所助益。大家送出的能量愈多，就有愈多的能量會回到自己的身上。

第二部

駕馭自如

第五章

追隨自己的內在指引

你要學會傾聽自己的內在指引。在你運作了能量去磁化並吸引自己想要的事物之後，內在指引便會引導你到一條最快速、最輕鬆的路，聽從自己的內在指引，並且依據那些指引去行動，你便順應了自己內在自然的能量流，那股能量流就會帶著你輕鬆、不費力地去獲得一切你所要求的事物。內在指引來自於你的大我，以感覺、洞見及內在明瞭的方式來與你對話，它由源頭直接帶來訊息，不像其他的資訊會被肉體感官所發覺。只要你靜下心來傾聽自己的思想與感覺，你就能進入到一種意識狀態，在當中你所挖掘到的有用訊息，將會比平常想法所得到的還要大量許多。

當你想要某樣東西的念頭向外投射到宇宙中，大我就會去環視你過去、現在及未來的事件，看看有哪些關連及狀況需要被製造出來，使你能去擁有你所要求的事物，然後，再找個最好的方式將它們帶來……你的大我會開始為你吸引來某些事件、機會以及相關的人，它會為你製造機會讓你遇見一些可以幫助你，同時對方也會因認識你而受惠的人，因為宇宙的運作就是為了所有人的更大利益。你的感受是行動的信號，它會告訴你該採取什麼樣的行動，而你自願順應內在驅策、直覺以及強烈情感，並據以行動的意願，則會引領你邁向自己的目標。

我信任並跟隨我的內在指引

內在指引引導你朝向自己的最高善，它的挑戰在於你要學會區分內在指引，以及那些由希望、害怕所衍生出來的想法。如果內在的驅策是讓你覺得很愉快、很喜歡追隨的，那大概就是來自於你的內在指引；反之，若是你所希望的結果好到過於不真實，或是連你自己都在猜想那只是你的一個願望，那大概就不是你的內在指引了。尊重內在的感覺並花時間仔細檢視它們，問問自己：「這真的是我的內在指引嗎？它給我的感覺很對、很好嗎？或者這只是我的一個希望？」

既然你的靈魂會透過感受與思想來與你對話，因此，你愈能覺知自己的感受與思想，就愈能聽見並發掘出內在指引。如果你的思想或是感受之於現況是不尋常的，你就愈要去注意它們。當你依照內在指引來行事，並且也獲得一些回饋之時，你也就開發了自己的內在指引。

例如你準備出門到一家店去，突然閃過一個念頭，覺得應該先打個電話問問這家店是否有營業，通常你並不會有這種感覺或是念頭，你想到就會直接過去了。以這個例子來說，你打電話只是為了要確定那家店沒有因為重新裝潢而暫停營業，一旦養成了去注意自己感覺的習慣，同時又能依照那些感覺來行動，要區分出內在指引與不屬於內在指引的想法就會容易得多了。

為了想要輕鬆地彰顯事物，甚至早在你知道自己需要它們之前，你就要去順應自己的感覺與內在的訊息，你可以由一些小事情做起，就像是當你認為不好、不要時就說不，認為不錯、可以時就說好，一天當中經常問問自己：「這是我覺得喜歡去做的事嗎？對我來說這是個最有光、讓我最高興的活動嗎？或者，我之所以做它，是因為我認為我必須要做？」信任你自己愉悅、快樂以及愛自己的感覺，因為這些感覺總是會引導你朝向自己的較高善。

內在的指引有許多種，有一類的指引是讓你對自己想採取的行動，產生負面的感受甚至含有警告的意味。還有一類指引對你所可能選擇的未來道路或方向，提供一些洞見與想法，另外一種指引是能幫助你在適當的時候出現在適當的地點，這類的指引會儘量藉由一些巧合，輕鬆地讓某些需要發生的事發生，讓你就此能邁向自己的目標。

那一類給與你警告信號的內在指引，往往是透過你的情緒而來，它常常會令你內心感到有股焦慮，或是胃部有不舒服的感覺。有位股票投資者就說，每當他做了一筆不好的投資，他自己都會先知道，因為在他下單之後，他會覺得比平常更焦慮、更緊繃。

先去了解自己通常所會有的感覺，然後再特別注意那些不尋常的焦慮及緊張，經由這種方法，你就能發展出覺察這類內在指引的能力。那位先生就是因為事先知道，每次投資後通常會有的一般緊張程度，所以對於一些不尋常的緊張就會有所知覺。對此，你的挑戰是要去了解，你自己一般程度的害怕，與來自於較高指引之內在情緒訊息之間的差異。

我花時間靜思
我聽見自己內在的指引

攸關你未來道路及方向的內在指引，通常會是當你處於安靜、沉思的狀態下，從事一些能將自己帶離平常知覺的活動時所會產生的，這類的指引可以是和你正在從事之事物有關的一個思想、感覺、畫面或是白日夢，每次你讓自己靜下心來，這個思想、感覺、畫面或是白日夢，就會自我建構與成長。你可以給自己更多靜坐的時間，放鬆身體、觀照自己的生命，以開發這類的內在指引。從事創作性或體育性的活動也可以觸發這類直覺，當你在畫畫、演奏、創作音樂、跑步或是游泳時，都可能突然獲得一些意外的洞見，那就根據這個指引來行動。如果你持續地忽視、沒有按照內在指引來行動，你就會愈來愈難聽見或是認出這類攸關未來的指引。

當你獲得一種想法，千萬不要過度去分析它，不要一直問：「這樣的想法，會為我創造出一條新的道路嗎？它會有益於我的生命，或能供給我後半輩子的生活嗎？」想法就像是種子，當它們第一次出現時，你通常不會知道它們將會長成什麼樣子，只要繼續追隨內心那份愉快的衝動，你的想法自然就會以最適合你的方式展現成外在的形式。

我總是在適當的時候出現在適當的地點

那類能引導你在適當的時候出現在適當地點的內在指引，會來自於當你知道自己平常的想法，同時在想法不同的時候又能夠注意到。舉例來說，你通常習慣開車走某條路線去上班，但有一天你卻有改走別條路的想法，以前你可能有過類似的想法，但今天你意識到內在有股驅策要你那樣做，於是你當真選擇走另一條路，沿途你邊開車邊聽廣播時才發現，那條你平常會走的路線，今天沿路塞車的狀況極為嚴重。來自於較高的指引與一般想法之間，在特質或是感覺上有著極其細微的差距，你可以依據那些細微的感覺或思想來採取行動，並且觀察其結果，這樣你就能學會如何區分出內在指引與不是內在指引的差別。

讓我們再舉另一個例子，有件你一直想要買但始終無法找到的東西，你很可能花了好幾天的時間到處打電話、到處逛，卻還是徒勞無功。有一天你心中閃過一個畫面，直覺在某家店中可能會有你想要的東西，即使那家店並不是你經常會去光顧的店，你注意到這種不尋常的內在衝動與驅策，同時真的就到那家店去。到了之後才知道他們剛進這款貨，所以你買到了想要的東西。回顧過去你所逛的那些店，你之所以會去逛，只是希望所要的東西就會出現在其中的一家店中，你忽視了無論是你內心的感覺或是心中的畫面，都沒有引導你到這些店的事實。

有時，在尚未接獲某種感覺、思想或畫面，告訴你該採取什麼行動之前，最好就是等待。等待行動的指引可以讓你免除一些不必要的工作，使你能在最好的時間，出現在最適當的地方，讓你得以用輕鬆、不費力的方式，創造自己所要的事物。

想件你很想要的東西，看看腦海中是否浮現任何你能用來獲得那樣東西的行動？也許只是簡單得像是打通電話，或是到心中想到的一家店去（如果你要買東西的話）這類的事，你願意照著行動嗎？你可以自行決定什麼時候做它，只不過時時都要跟隨著內在喜悅的感覺，要比平常更注意所有與這事情有關的思想，如此，一旦你腦中浮現某個畫面，告訴你可以採取某種行動時，你就能察覺到。每一次你想到自己所要的東西，就花些時間讓自己安靜下來，並且注意有什麼畫面浮現腦海，告訴你可採取的行動為何。

來自於靈魂的驅策力，也就是真正內在指引的一些直覺，會和你已經熟悉的某樣東西有直接或間接的關係，這類的指引會給與你一些想法，及將這些想法實現出來的衝力。如果你突然有股衝動想去做某件沒什麼概念的事情，而這需要花上數月的時間才能完成，但你顯然沒有那些時間，那麼很可能就只是你一時的突發奇想，而非內在的指引。內在指引會驅策你去做的接下來的行動，對你而言是非常符合邏輯的，或是根據你現有的知識，你就有能力去完成的一些步驟。有時你會有衝動想獲取一些新的資訊，之後，以那資訊為基準的行動指引就會出現，很少有急迫會與類似的指示相關，因為你總是被賦予相當的時間，以自己覺得舒服的步調，完成這類的指引。

有種方法可以開發與聽見內在的指引，就是回顧過去的成功時刻，問問自己：「在我決定行動的當時，我有什麼樣的感覺與想法？」想一件你覺得自己買得相當好的東西，你記得購買它的感覺嗎？即使你曾經猶豫過，但你的內在有份明瞭在引導著你。假如你回顧過去，發現自己將錢花在某件事物上的決定並不好，可能會記得那時的內在感覺，與買到喜愛東西時的內在感覺是不相同的。

我順應自己內在最高的喜悅

如果有個你並不喜歡的狀況發生，你便可以去回顧、檢視，究竟是哪些思想與感受正試圖將你帶往另一個方向。你不斷收到來自大我的指引，告訴你要如何盡可能地以最簡單、喜悅的方式獲得結果。

你要非常警覺、注意的去傾聽這些指引，同時要養成行動前先注意自己想法與感受的習慣，你必須先知道自己平常的想法與感受，如此，當細微的改變產生時你就會察覺。在你依照這個方法做了之後，你會變得更警覺，同時也會更清楚自己不斷收到的指引。

不論什麼時候，當你有沉重、抗拒或勉強維持的感覺，那就是一個信號，表示你沒有跟隨著自己的較高道路，大我會在你順應自己較高道路時，以讓你感到喜悅的方式來告知，而在你偏離道路時則讓你感到沉重與抗拒。如果你硬要強迫自己，根據所列應當要做的清單去做事，你就是沒有去傾聽自己生命較深層的部分。靈魂鮮少會對你說：「你必須要做這個，你應當要做那個。」靈魂會說的是：「這樣不是很愉快嗎？這不是會帶給你極大的樂趣嗎？你不是很喜歡多做些這類的事嗎？」

你一定曾有過抗拒去採取行動、內心卻不知道為什麼的經驗，之後才發現那個行動是不必要或不合宜的。可能你有個計畫要做，但心中卻老是抗拒去執行，後來你決定順應自己內在的指引與喜悅的感覺，將這計畫暫時擱在一邊先去進行其他的事，隔天或隔週，你很可能就接到一通電話，告訴你已經不需要再去執行那份計畫，或是你已被要求採取另一個行動，如果當初你硬要去執行它，很有可能就需要全部重新做過。

暫時將所有你告訴自己應當要做的事情擱在一旁，然後問問自己喜歡做些什麼，是個非常好的方法，經由順應內在指引及喜悅感，你可以省下許多不必要的工作。

我信任並尊重自己所做的每件事

有些抗拒可能是所謂的自我阻礙，由自認為不值得去擁有更多的感覺所產生。如果在你內心深處，你明知健康的飲食控制、運動、處理問題或是別的行動途徑，對你真的有所助益，而你卻拒絕了，你可能就需要學習更尊重自己一些，寧願不要立刻去面對較大的問題，一開始先從比較小卻尊重自己的行動做起。想一件你很想做且真的能滋養你使你感到享受的事情——或許你想泡個澡、為自己的房子增添一些鮮花、每天給自己半小時的獨處時間等等。

花時間在那些能滋養你的活動上，就能給潛意識帶來一個你是個值得讓你去達成目標之人的訊息。如果你將所要做的大行動、大步驟劃分成一些較小的步驟，一路逐漸建構，這樣就會比較容易完成（無論是最初的大行動，或劃分之後的小步驟，都要是能尊重自己且符合你內在的原則），一旦養成了尊重自己內在需求與感受的習慣，要去跟隨心中浮現的內在指引或是方向就容易得多了。

一定有些時候你的內在指引會說：「我想工作一整天，將所有手邊的事完成的感覺真棒。」然而內在指引並非總是引導你去獲得立即的滿足，通常它追求的是一種較長程的內在成就與滿意的感受。內在指引雖然會以許多不同的方式來與你對話，但總是會透過你的那些愛自己、對自己正在做的事感覺不錯的情緒。

假使你強迫自己去做事、因為責任義務而工作，或讓自己覺得必須花這筆錢，你就是沒有傾聽你內在的指引。如果你的職業需要你強迫自己做許多不想做的工作，這時你就需要去看看更大的畫面……「為什麼你的職業不能讓你做自己喜歡做的事？」如果你愛自己的職業，也愛這份職業中大部分的工作，只有少部分的任務是你不喜歡的，那麼就重新檢視這些區域，也許能有更好的方式來做……也許能有個更好的流程、重新分配你與同事之間的工作，或是你的家人、孩子與朋友可以提供協助的方法。注意自己的負面感受——它們會帶來關於如何將情況變得更好的訊息。

在自己所不喜歡的活動上花上數小時的時間，就是不尊重自己。如果你去做自己感到喜悅的事，就會發覺你不再需要為了賺錢，而強迫自己做些不喜歡的事，同時也會發現做你喜歡做的事，長期下來會比做你不喜歡的事所賺進的錢要更多。

當你做事的時候，你愈能感到喜悅，並且依循自己的內在驅策、直覺及較高視野，你就會愈快、愈容易獲得你所要求的。一旦你順應了較高的道路，就愈能發現每件事都運作得極為順暢、容易，就如同是奇蹟一般，但這並不表示你從此不會再面臨挑戰，挑戰能幫助你獲得力量與自信，只要追隨自己喜悅、快樂及愛自己的感覺，夢想就一定會成真。

❖ 遊戲練習——連接較高的力量

你並不需要經常做這個練習。但無論什麼時候，當你想感覺與來自大我和靈魂的內在指引、人類進化之能量流連接，或是加強自己與宇宙較高力量之間的連結時，就可以做這個練習。有些人把這較高的力量視爲神、一切萬有、佛陀、基督、宇宙之心或較高意志。每次做這個練習，你就向上建構了一條光之橋，在你將一個比較大的、能代表你大躍進的事物磁性化，並且將它吸引過來之前做這個練習，就會增強你吸引的力量。

準備

找個時間獨處，讓自己寧靜下來。這個練習只需要花幾分鐘，同時任何時候只要你想要就能重複的去運作。

步驟

1.閉上眼睛，想像自己向上建造一條光之橋，連接到實相的較高層面。你或許可以想像一束光從你的頭頂上方出來，筆直向上直到你無法想像的地步。

2.想像你和所有生命的源頭相連接，吸收來自生命源頭的光及能量，直到身體的每一個細胞都因能量充滿而發光、發熱。

3.想像自己的心就像是一潭清澈的山湖，每個細胞清晰地映照著實相的較高層面。想像你心中的每個思想、每個細胞都與較高的心智相連（也就是與宇宙之心、一切萬有相連）。當你持續的想像這個連結，你就眞實的創造出它。

4.想像你調整自己的意志，讓其能量與較高意志的能量一致。你也許想像有條光線自你的太陽神經叢（在你的肚臍上方的區域）出來，而與步驟2.的生命源頭相連。

5.想像這能量的源頭，就像個充滿光及能量的金色球體，在你頭部上方六吋高的地方。慢慢地將這球體往下拉進身體裡，讓它用明亮的光來調節你身體裡所有的能量。想像你繼續將球體向下移動，直到你感覺站在它上面。想像光及能量由你的腳下向上穿透你的身體貫滿全身。然後將這個金黃色的球體由你的腳底慢慢向上移回原來頭部上方六吋的地方。

6. 想像你的靈魂是個涼爽的藍色火焰，它可以在你身體的裡面或外面。當你讓自己灌滿來自靈魂的能量時，想像這火焰更穩定、明亮，同時讓它變得愈來愈大。運用你的心靈之眼，感覺自己接近靈魂的藍色火焰，同時請求在更有意識的狀態下，跟靈魂有更深的連結。你的靈魂總是會聽到你誠摯的請求及意願，並且立即開始去幫助你，讓你更強、更緊密的和那些來自靈魂的指引與方向連結。

7. 現在將你的意識及注意力放在頭頂，想像那裡有個天線。你的頭頂是個你與較高次元產生心靈溝通的能量中心。刻意、有意圖地運用自己的想像力來連接，你就能接收到任何你想要接收的傳送中的能量，這當中有人類最高度進化之路的心靈傳送，用想像力來調整頭部的天線以接收這個傳送，如此，你就能調整自己的行動，更符合人類的進化之流，而所有你所彰顯的事物，將會更符合你與他人的較高目的。

8. 準備好了之後，睜開雙眼，讓自己浸淫在和較高次元相連接的感覺中。

自我評量

做這個練習時要讓自己充滿想像力，創造一些新的畫面及圖像，來強化你和較高次元間的連結。當你去想像兩者的連結，你就將這連結創造成實相。我們採用過許多的圖像，但那只是被設計來讓你能體驗到較高的能量及你的靈魂，最重要的還是你由連接所獲得的體驗，而非我們所採用的圖像。一旦你有連接的感受後，就可以運用任何的圖像、思想或畫面，幫助你重新建構達到與較高力量連接的目的。

第六章

允許自己成功

當你運用能量來吸引自己想要的東西，並且順應內在指引之後，你一定會想讓成功進入生命中，因為這樣你才能收到自己所要求的事物。掌握、精通彰顯的技巧，包括了你要懂得選出有最多光，及能將自己放到較高道路上的決定與選擇，當你選了那條有最多光的路，就表示你選了最高層次的成功，經由你所做出的決定與選擇，你同時也為自己創造了所會經歷的實相。

今日你所擁有及所在的位置，就是過去決定與選擇的結果。你有許多的選擇是在被動、無意識、不曾仔細檢視的狀況下做出的，其中有許多是以你過去的程式，而非今日這種不受限的新思想為基礎。從現在起，你可以做出更有意識、更覺知的抉擇，你要了解今天你所處的狀態，就是過去選擇的結果，同時也要知道在每個當下，你的的確確都在創造自己的實相。如果你對自己至今所創造的實相感到不滿意、不快樂，那麼，就可以學習做出不同的選擇，讓你的人生變得更能為自己帶來喜悅、活力，或是任何你想要的品質。

我一向選擇擁有最多光的那條道路

有些選擇間的差距十分細微，但通常一定有個選擇所擁有的光是最多的，能將你放到稍高層級的道路上，而且會比其他選擇更能幫助你清楚地表達自己的本質。選擇了較高道路，就能加速自己的成長，及加速活力、豐富的增進，重要的是你要開發出辨認及挑選擁有最多光之路的能力，使你能創造生命的豐盛。

有位女士做飾品已有一段時間了，她決定要擴大市場，讓自己所做的飾品能在全國的商店中販售。在她的飾品中有許多祕傳的象徵，她希望能將飾品廣泛的提供給一些需要的朋友，讓他們能因佩戴這些具有療癒象徵的飾品而獲得幫助。她想請朋友幫她設點，只是每次開始朝這個方向進行，事情就會顯得困難重重，而且她的心也不在這上面。將產品配送到全國販賣是需要資金及技巧的，而她兩者都不具備，並且如果真的這麼做了，也會使她沒有多餘時間來做新飾品，正因這條路看起來似乎不是那麼喜悅，所以她便拒絕了，她請求內在指引告訴她另一條更好的路……她得到一種想法，覺得自己何不去問問那些店家是如何批別人做的飾品來賣的，結果她發現整個鋪貨的系統其實早已存在，後來就由一些樂意為她處理飾品的業務代表，替她完成了設點的工作。她就是因為下定決心要選擇一個能支持自己做喜愛事物的決定，所以才能為自己找到一條較高的道路。

當你必須要做出選擇，而最高的選擇似乎又不是立刻能明顯看出來的，這時，你就可以問自己一系列的問題。假如所有選擇看起來似乎都不錯，那麼你就問：「有哪個決定讓我感到最喜悅？」「有哪個選擇似乎呼喚著我的心，好像我一定會很喜歡去做它似的？」然後，就去選那個最能為你帶來喜悅的決定。即使你所選的喜悅之路看起來似乎不像能為你賺到許多錢，但長久下來，它絕對會比其他不能為你帶來喜悅的選擇，能為你帶來更多利益，你千萬不要以從表面看來能賺多少錢，來作為自己選擇的依據，去跟隨心告訴你的道路，總是能為你帶來更多的豐盛。

如果所有的選擇所為你帶來的喜悅程度似乎都差不多，那麼就再問：「有哪個選擇是我覺得最合理，同時就現階段來説也是最實際的？」你的最高道路一向都會讓你覺得非常實際，這樣問了之後，如果所有的選擇仍然齊鼓相當，那麼就再問：「哪個選擇對人類會有更大的貢獻，或是讓我有更好的機會去服務其他人。」如果經過上述兩個問題之後看起來還是差不多，那麼就想想自己想在生命中創造出什麼樣的較高品質，像是身心愉快、健康、充滿愛及活力等等，而當中有哪個選擇能讓你更完全地去表達這些品質。

有種比較聰明的做法就是，不讓自己落入一個沒時間仔細思索，卻必須做出立即決定的狀況中。如果你發現自己處在一個必須快速做出決定的情況裡，就想像自己將其中一個選擇放在右手，再將另一個放在左手，然後要求握有較高選擇的那隻手自動舉起來。

對於所有我做的事，我一向都遵從誠正的原則

能量的純淨與完整性是相當重要的，因為你的誠正會引導你創造出與生命深層部分相和諧的事物，引導你做出能為自己帶來成功繁榮的選擇，也帶領你到達

成功繁榮的狀態。你會知道自己什麼時候維持、什麼時候偏離了個人的誠實與正直。任何時候，當你感到理想必須與現實妥協，而你為了金錢，必須做一些讓自己感到不舒服的事，那時，你就是沒有遵照誠正的原則。遵從誠正的原則必定能使你獲致數倍的回報，增進你的成功與富裕（譯注：一個人以誠實正直面對所有的事，其內在的能量就是完整的）。

對自己所做的每件事感覺很好、依據自己的價值觀行事，以及用誠實的心、真誠態度來面對人們非常重要。你的誠實、正直，挑戰你去看出什麼對自己才是重要、真實的，並使你能超越幻象、承諾，及執迷的做出以上的選擇（什麼對自己才是重要、才是真實的）。來自於最高的理想、依循自己的智慧、超越他人的觀點，去做自己覺得對及尊重自己的事情。信任、尊重每個你所面對的人，並將所做的每件事向上帶到靈魂的光中。你的存在、你的能量就是送給這個世界的禮物，你的能量愈是清明、愈流動，就愈有東西可以分享給別人。由遵從誠正原則所創造出來的金錢就是金錢之光，是能為你及他人帶來更多益處的光。

我是個成功的人，我讓自己有成功的感覺

為了讓你能更快地掌握豐盛，你就要從創造想要的事物、尊崇自己的誠正原則及做出好的選擇這三方面，開始認識自己的成功。從你知道可以去做的事建構起，去感謝、欣賞自己、愛自己現在所擁有的力量與視野，花點時間告訴自己已是個成功的人。你現在就能有成功的感覺，而不需倚賴目標的達成才能獲得，你能認出自己為生命做出的所有美好事物。

成功是種當下的感覺，而不是在未來當你完成某個目標或獲得某樣事物時才會有的一種感受，你不要認為大筆金錢就能為自己創造成功的感覺，事實上，擁有巨額財富的人鮮少會感到成功，除非他們學會欣賞自己，並打從心裡覺得自己是個成功的人。

寧可不要只用一些你認為能代表成功的有形物質條件，來定義成功，像是多少銀行存款、住什麼房子、開什麼車等，你要願意擴大自己對成功的定義，將大我的目標也囊括進來。真正的成功指的是擁有適當數額的金錢、改掉舊習性或轉

換負面的信念、將恐懼釋放掉、做自己喜歡的事、認出並開發自己特殊的天賦。從較高的觀點來看，成功是指在需要的時候，就能把所需的東西創造出來，對他人有貢獻、愛自己也愛別人、尊重自己也尊重別人。成功是你從所有經驗中成長與學習而來的，不要用多有錢來斷定一個人的成功，而是要以他們生活的品質與幸福來論斷，一旦你將焦點放在這些成功的較高品質上，就一定會了解，即使你尚未達到個性層面所設定的財務目標，以大我成功的條件來說，在許多方面你早就成功了。

我時常恭賀自己

就許多人而言，成功的本質就是：愛自己、尊重自己及自我價值等感覺，現在看看你是否也能捕捉那樣的感覺，然後告訴自己：「我是個成功的人。」你的感覺如何？你是否能捉住那樣的感覺一會兒，然後讓它擴散到全身？承認你那些進行中的所有成功的事，當你承認了自己其他領域的成功，就能更容易看待自己在金錢方面的成功。身體是你彰顯的工具，因為它所創造出來的行動，能將你的思想與情感變成外在的形式，當你經常將成功的感覺帶到全身，那份感覺就會為你在人生的各領域吸引未來的成功。

欣賞、感激自己現在所在的位置，不要將焦點放在還有多少路要走，而是去欣賞、感激自己已經走了那麼遠，最好把你設定好要創造的長程目標，精確地標示成許多可分辨的較小步驟，然後，每當你完成一個步驟，就告訴自己：「恭喜，做得很好，我已經朝向目標走那麼遠了。」每次當你完成一個你非常努力的目標，在朝向下個目標之前，就先獎勵自己一番。就是有一些人，眼中老是只看得見下個山頭，而沒有時間停下來好好欣賞自己攀登過的這座山，始終未曾有過所追尋的滿意與成就感。你要去承認自己的成功，因為當你這樣做，你便在自己原有的成功上持續建構未來的成功。

看待你自己的過去、現在與未來……把它們都當作是成功的，回想過去你覺得自己是個成功者的時刻，記起那時的情境與感受，你愈能記得過去的成功，就愈能創造未來的成功，回憶你是如何經營自己的，同時看看所有過去那些選擇背後的較高智慧……有些選擇將你帶往成長，有些則使你改變人生，所有的選擇在當時都是你所知道最好的，即使那時你也許不了解自己為什麼會做出這樣的決定，但過去的選擇仍然對你有幫助。

從你現在這個具有更高智慧的自己的較高觀點，回顧過去時就會明白，即便是那些你認為不好的選擇，同樣也能教會你許多事情，並且成就你，使你能成為今日這個更有智慧的自己。如果你不喜歡自己的現狀，要知道從現在起，你就能有不同的、全新的選擇，你能開始把現況變得更好。

我原諒自己，因為我知道在當時我已盡了全力

當你回顧過去，想到一些像是「我在花錢上不是很有智慧」、「當初應該要買下那個資產，放到現在就會值很多錢。早知道就不該去做那筆投資，不然現在也不致損失那麼多錢」、「我實在不該把錢借給朋友，那筆錢一定要不回來了」的想法，記得要去原諒自己，因為這類想法會阻礙你邁向無窮的豐盛，丟掉你過去心中所留下的那些結果與你想要不一樣的情況的畫面，如果那些思想浮現出來，不要將自己的注意力放在上面，而是去想當你能有智慧地運用金錢、對自己

所獲得的感到滿意、投資賺到不錯的利潤，或是借錢給朋友而能如期收回的那些時候。當你原諒並且去愛過去的你，將焦點放在所有成功的時刻，你就會改變自己未來的歷程。

花些時間看看自己童年的訊息，你的父母是如何花錢的？他們會為自己買東西嗎？他們能享用自己的錢嗎？或者他們老是因為錢不夠而掙扎痛苦？他們會很自在的告訴你賺多少錢，或者錢在你們家是個被禁止的話題？他們是如何把錢用在你身上的？他們重視你的願望嗎？你能看出自己和金錢之間以及你父母與金錢之間的關係是否存在著關聯性嗎？你的父母有沒有從賺錢或花錢這兩方面去愛自己、去得到活力、幸福，以及健康愉快的感覺呢？

我准許自己去擁有自己所想要的

兒童習慣從父母那裡收到東西，同樣的，有許多人期待宇宙的給與就像他們從自己父母那裡得到東西一樣。如果你的父母是慷慨且願意付出的，那麼你可能就會相信宇宙是慷慨及願意給與的；如果你的父母對你想要的許多東西都予以拒絕，那麼你至今可能還是會排拒自己所要的，你的行為可能會像是等待看不見的父母或是外在的當權者，來決定你是否可以擁有自己所要的。你的表現就像把宇宙當成自己的父母嗎？現在這宇宙父母就認為你適合去擁有，你就准許自己去擁有任何你所想要的東西吧！

你能為自己創造全新的歷史，將所有的焦點放在成功及擁有豐盛的那些時刻，釋放掉過去的一些故事……那些對你現在正在創造新的成功、富裕的畫面，不會有任何正面影響的故事。過去留在你心中的那些圖像，通常會限制了你想像自己未來的能力，於是乎也等於阻礙了你彰顯自己的無限潛力。

為了要釋放過去，聽聽你所不斷告訴別人及自己那些關於你的童年與金錢之間的故事，你所告訴他們的自己是豐富還是匱乏？有可能你訴說的是沒有足夠食物的那段歲月，也有可能說的是自己的父母如何花錢卻沒有為你買任何東西。開始看看你向別人所強調的是哪個部分的過往歷史，因為你所強調的那部分經歷，在你其他的經歷中自然也能找到與其幾近完全相反的經歷……你會有享受美食的時候，也曾獲得你很想要且深具價值的東西。

你希望自己的財務史是怎樣？開始為自己打造全新的歷史，重新以成功富裕及獲得所要事物的記憶來打造自己的童年。你想怎樣告訴別人你的童年？例如你會想告訴人們：「我的父母在用錢方面很有智慧，我們一向擁有足夠的錢，在我們家，錢不會是個爭論的話題。」當你說這些的時候，你就真的會記起那些擁有足夠金錢、當錢在你們家不是個爭論話題的時候。

喜愛過程就如同喜愛結果一般

你有過所有與錢有關的經驗值，你曾有過豐富的感覺，即使是很短的時間──有可能是你得到想要的玩具，也有可能是別人給你一筆意外之財，或者是你得到的比自己要求的還要多的東西，你愈能抓住喜悅、熱愛及感激的情緒，在未來就愈能吸引更多好的事情。

❖遊戲練習——允許自己獲得成功

1.想像某件你想要但還沒擁有的東西。

2.為什麼你認為現在比其他任何時候都更接近於獲得你所要的?寫下來。

3.花點時間體驗成功的感覺,你可以回想過去或現在的某個成功的感覺,或是去想像當未來成功時會是什麼感覺,讓它儘量變得像是一種肉體或情緒的體驗。找到成功所會帶給你在身體姿勢及呼吸上的感覺,現在吸氣,將成功的感受帶入身體,充分的體驗一會兒,想想自己現在進行得還不錯的一些事,針對這些來祝賀自己的成功。

4.有種能讓你成功的方式,就是以強調你所經歷過的那些美好經驗的方式,訴說你自己的歷史,你能夠獨自或是跟朋友一起玩接下來的遊戲,答案要在三分鐘甚至更短的時間內浮出，當你以全新的方式闡述自己的過去，那些就會成爲你新的實相。

a.就像你是在豐富中長大一樣的去訴說自己的歷史，選出眞實的事件，將焦點放在你感到豐盛、得到所要的，或是體驗到父母的豐盛的那些時刻，你將會非常訝異自己能記起那麼多豐盛的時候。

b.從你一向都知道自己有個指導天使，而自己始終接受著神聖指引的角度，來闡述過往的歷史，回想兩、三個事件來驗證它。

c.從你很容易就能創造出自己想要的事物這個角度，來闡述你的成長史，你可能會記得自己曾想要某樣東西，不需要花很大的力氣就能很快得到它。

看看將自己的焦點放在過去覺得很順利的那些區域的感覺，是多麼愉快。你愈能將焦點放在過去所擁有的豐富上，就愈能在未來創造出更多的成功與富裕。能量跟隨著思想，任何你專注的焦點的地方，都將會增強與成長，如果你將注意力放在過去的成功上，你就能爲自己創造一個成功且正面的未來。

第七章

轉換信念

你們的信念創造了自己的實相。信念就是你們所以為、所採信的實相本質。正因你會創造出自己所相信的，自然就會獲致許多佐證，來證明實相正是以你所想的方式來運作。例如，一個相信宇宙是豐富的人，其行為、反應便會像自己正體驗著豐盛；反之，一個相信唯有靠努力工作才能攢到錢的人，他（她）的錢就真的只能藉由辛勤工作來換得。每種類型的人都會獲致許多生活上的經驗，來證明自己的信念就是現實的真貌。你們是可以去改變自己所相信的，改變了信念，你們的經歷自然就會有所不同。

在你做了磁化並運用能量來吸引想要的事物後，會影響獲得速度快慢及難易的將會是你的信念。要探究自己的信念，就要去看看自己現在或過去生活的境況，它可能是你所面臨的某種挑戰或某個問題，也可能是你正享有的你創造出來的美好事物，問問自己：「一個能創造出這樣情況的人，必須要去相信什麼？」如果有個人無法如期支付自己的帳單，一再接到銀行催款的電話，為了怕接到類似的通知，他甚至連電話也不接了。這樣的人究竟相信了什麼樣的實相，才讓自己陷入如此的境地？他可能相信自己不值得擁有金錢，相信要相當努力才有辦法支付帳單，也有可能相信了生活原本就是困難重重的。

有個極為普遍的想法與信念就是，「假如有了錢，別人就不會再像以前那樣的愛你，那時人們愛你會是因為你的錢，而不是因為你。」你可能正是怕有了錢會莫名其妙造成自己與朋友的分離、隔閡，可是你很少會因為認為某個人是愛你的而被騙，除非你願意這樣。

只要時時去感受自己對別人的愛，你擔心會因有錢而得不到他人真誠之愛的想法就能獲得治療。當你給與別人愛，你自己也會收到愛的回饋。現在你就有一些錢了，人們不也一樣愛你嗎！有哪個數目的金錢，是一旦你擁有了之後，就會導致人們突然不再愛你的？

我的信念創造了自己的實相
我相信自己無限的富裕、繁榮與成功

有些人相信，擁有一大筆錢會變成一種累贅、負擔與責任，自己會因此被束縛，但你要知道，無法如期支付帳單、擔心沒錢，同樣也是一種負擔、也會束縛自己。除非你相信自己會因錢而受到束縛，同時在心裡也如此設定，要不然，錢是綁不住你的。你相信什麼，就會創造出什麼。

如果你相信太多錢是一種累贅，那麼在你為自己創造大筆財富之前，最好先改變這個信念，否則，你就真的會經歷一場錢是累贅、是負擔、是責任的戲碼。假若你已向宇宙要求一大筆錢而尚未得到，那麼有可能是你的大我，在為你帶來所要求的大筆金錢之前，先協助你去轉換對金錢的負面想法。

你對錢的信念會決定你如何吸引它、運用它，及與它之間的關係。你相信做自己喜愛的事情就能賺到錢嗎？或是你覺得賺錢是需要辛勤努力的？如果你有件想要卻始終得不到的東西，就有可能是因為你的某個信念讓你無法擁有它。

在你活在當中的每個信念裡，其實都存在著一個尚未被彰顯，且與你目前信念完全相反的思想種子，在那個不相信自己值得擁有金錢的負面信念中，蘊含著另一個完全相反的版本，一個相信自己值得擁有金錢的正面信念。當你將注意力由負面的信念移開，轉向正面的信念，並開始讓這信念活躍起來的同時，你就改變了自己將經歷的體驗。

也許你發覺自己某些局限的思想，是因父母的灌輸或是來自於他們的信念。在你還很小的時候，你由父母及身邊的人所講的話、所表達的信念及未說出口的訊息，獲得了大多數的概念、想法及心中的畫面。認出你由父母那裡所收到的信念，然後有意識地去決定你是否仍要繼續保有它們。即便你的父母可能曾教你一些你不想再去保有的信念，你都要去原諒他們，要知道他們已經盡力了。

就某方面來說，你在早年擁有父母所教你的那些信念是很好的，因為正是那些信念將你引領至最適合你的人生課程，使你獲得所需的成長，讓你因此挖掘並發揮了更多的潛能。你可以選擇自己想要的信念、思想、概念及畫面，對於小時候被灌輸但已不合時宜的思想與信念，你可以把它們釋放掉，轉而選擇一些適合自己的運作原則。

我選擇能為自己帶來蓬勃生氣與成長的信念

找到妨礙自己進展的信念後，放掉它，然後重新再創造一個新的。要創造一個全新信念的方法之一就是，「讓自己靜下來，閉上眼睛，想像光將你包起來，然後運用某種象徵的方法將舊的信念移除。」你可能看見眼前寫著——「我不值得擁有金錢」，現在，想像自己將字一個接著一個地擦掉，同時想像在同樣的地方，或許以更大的字體寫著一個全新的信念——「我值得擁有金錢」。為了進一步實踐、貫徹這個新信念，你將它寫下來做成字條（或其他任何方式），任何時候只要想到了就將它唸出來，把這些字條放在屋內或是工作的地方——那些你經常能看得到的地方。

你的情感和運用想像力的方法，要不就是會增強你信念的力量，要不就是會削弱它。不要一味忽視或是否認那些舊信念，去接受它們，將所發現的舊信念當成是自己對實相本質的一些想法，而非唯一的事實。然後，想像自己擁有與其完全相反的信念。如果你相信賺錢不容易，就去想像賺錢很輕鬆。運用視覺化的想像能力，將畫面盡可能想像得真實、鮮活。

在你想像的同時，就會先體驗到當你真正擁有並活在這個新信念之下時，所會產生的感受。每天採取一個小小的行動，提醒自己已經活在那新的信念中——如果你認為自己不值得擁有美好的事物，那麼去為自己買件不錯的東西，這樣做了以後，你可能會發現有一些新的感受與信念產生，是你能知道並加以運用的。

我的信念為我創造出美好的事物

去培養能幫助你累積金錢的新信念，例如一個相信自己能以從事自己喜愛的事來賺錢的信念，可能就更會激發你創造的動力，你會相信錢是用來享受、有助於你的較高目的，及使你對人類做出貢獻的催化物。如果你相信自己是貧窮的，你的潛意識就會創造出一些事件，讓你的內心一直有貧窮的感覺。如果你相信財富是不好的，就會抑制自己去施展任何可能會帶來金錢的技能，假如你相信最好不要有錢，結果就很有可能會去壓抑自己的才幹與本領，只因為展現它們很可能會為你帶來財務上的成就。

在你能吸引新事物之前，你可能需要先去改變你對自己的觀感，以及是否值得去擁有那件東西的信念。例如，有位女士希望能住在一個比現在住家的環境、狀況還要好得多的一間房子，他們夫妻倆存了一年的錢，等到有能力負擔更好的房子之後就搬家了，因為覺得新家看起來還不錯，於是她開始邀請更多的朋友到家裡來，同時也開始打扮得好看些，她對自己的感覺變得比以前更好了。

她認為是新家增加了她的自我價值，其實，早在她獲得新房子之前，她就已改變了對自己的觀感……新的環境、新的地方之所以會來，正是因為她先在自己值得擁有什麼的信念上做了改變，假使她早些知道自己真正想要的就是改變自我形象，那麼就能立刻去做些能提升自我價值感的事情，那筆用來買房子的錢也會來得更快一些。她之所以必須等上一年，正是因為她需要這些時間來讓自己成長，讓值得擁有一個更好的家的信念被養成。

我值得擁有富裕

問問自己：「有沒有任何不能去擁有富裕生活的理由？我值得擁有富裕的生活嗎？我認為有錢的人在某方面比我更值得擁有財富嗎？」去想想所有那些告訴你有錢沒什麼不好、沒什麼不對、沒什麼不可以的理由。

想件自己經過一番努力才剛獲得或創造出來的東西，你希望它能為你帶來成長、活力及嶄新的形象……它為你帶來什麼樣的嶄新形象？在將它創造出來之前，你必須先改變對自己的觀感，以及你為什麼可以擁有的一些信念。當你買下或持有它時，你會因此產生什麼新的形象？例如，有位男士為自己買件已經想了許久、質地相當不錯的睡袋及帳篷，這個舉動所產生的新的自我形象就是……他是個喜愛户外、成功富裕、值得擁有好配備的人。

現在，你同樣也去想件自己很想要但還沒獲得的東西，你需要具備什麼新的自我形象才能去擁有它？對自己要存有什麼信念，才足以使你創造它？一旦你創造出新的信念與感覺之後，你運用磁力所獲得的結果就會有驚人進展。

❖遊戲練習——轉換信念

1. 看看你目前生活中涉及金錢方面的狀況，問問自己：「一個人有了什麼信念才會創造出這樣的狀態？」列出一些可能的信念。當你發現對的答案時，你自己會知道，你的內在會產生某種感受。

2. 在下面的空白處，寫下一個你想要有的、攸關金錢方面的信念。

3. 想件你要的東西，有什麼關於自己的新信念是你可能需要的，使你得以獲得想要的東西？

……………………………………………………………………

……………………………………………………………………

……………………………………………………………………

注意：通常把新的信念寫在紙條上，將它放在你經常看得到的地方，對你非常有幫助的，每一次你看到它，就會送能量到這個新的信念上，如此就能幫助你將新信念變為實相。

第八章

讓錢流動

當你成長了，對於創造富裕各個層面的狀況知道得愈多、愈敏銳之後，就會知道金錢的湧入與流出就如同海浪一般，有時錢會如浪潮般湧進，有時則如潮退般流出。你們的世界是個由能量所形成的世界，而能量又以波動的方式移動並且具有週期性，因此，有時你運用磁力吸引的成效極大，有時則較小，在某些月份你的收入會比平常還多，某些月份則是帳單要多一些，有幾週你的生意暴增，而有幾週可能只有幾個零星的客戶。

金錢有其自然的韻律，就像生命中每樣事物都有其自然的循環是一樣的道理，每種行業都有起落，每個人的生命也都有週期、循環，有時錢進來的比花出去的還多，有時情況則恰恰相反，你的挑戰在於，不讓自己的心情隨著金錢的自然起落而跟著上下起伏；你可以利用這種自然循環的特性，進一步建構自己的富裕與成功。

我是個成功、富裕的人

金錢湧入我的生命

有四種基本的金錢流動情況是你可能會經歷到的，一是平平，當金錢進出的數額差不多時；二是湧進，當錢進來的比出去的還要大時；三是消退，當錢流進的比出去的還少時；四是停滯，根本沒有錢的進出時。錢是你與外在世界能量交換的表徵，它代表由你身上流出去的能量，及由外面流回來的能量。

如果你正處於平平或停滯的狀態，也就是錢進出的數量差不多，或是根本沒有進出，就看看自己有哪個地方的能量是堵塞的。想讓自己在錢及能量兩方面都很流動、順暢，只要將堵塞的地方打通，讓能量開始流動之後，你就能在生命裡創造出更多的財富。

金錢障礙產生的原因，可能是因為你某個地方的能量不流動，像是在肉體、情緒或關係上，如果你正處於金錢的平平或停滯狀態，而你很想要讓那裡的能量動起來，那就去觀察自己的生活一陣子，並請求大我告訴你有哪個區域的能量需要被疏通，需要流動得更為順暢。

我生命中每個區域的能量都是開放且流動的

有時能量的堵塞可能發生在身體內部，假如你的身體不如所期待的健康、有活力，你就可以藉著和內在的驅策力保持連繫而獲得更多能量。身體總是試著和你溝通，告訴你它的需求；你的身體都對你說些什麼……它有可能要你多休息，多接近大自然，多運動，或是要你改變飲食習慣。去順應你內在的渴望與驅策力，如此，你就能獲得更多肉體上的能量及健康，一旦你這個區域的能量更順暢之後，就會有助於金錢的流入。花點時間觀照你的身體，看看有沒有任何肉體能量阻塞的感覺？有沒有任何被你忽視的，諸如改變飲食、運動、給人按摩或是到户外走走這類的內在渴望與驅動力，是你沒有照著去做的？看看有什麼簡單且在這一、兩天就立即可做，有助於那個區域能量流動的事？

有時你可能覺得自己的情緒阻塞了，你可能在生某人的氣，或是壓抑一些需要被表達出來的感受，只要你有打算朝向更高的道路，願意用慈悲的心來訴說事實，你就能讓這些堵塞的情緒重新流動、順暢起來。再次強調，你要順應內在的渴望與驅動力，去傾聽、尊重自己的感受，並依據這些感覺來行動。

觀照自己的人際關係，看看你與他人之間的關係，是否有任何地方其接受與付出是不對等的，或是在那段關係裡，你付出過多的能量，而所獲得的卻相對太少？或是你心中只想著要獲得卻不願付出？你有送愛給其他人嗎？你能感受到愛嗎？你的心是打開的嗎？

當你觀察自己堵塞的區域，可以問問自己：「我可以採取什麼具體的行動，讓能量再次的流動？」這並不需要是個很主要的行動，可以只是簡單的像是告訴朋友一件需要告訴他的事。在下週或未來幾週，你能踏出多小的一步，來打開存在於你與某人之間的能量？那有可能只是簡單的一通電話、對某人態度的改變，或是在心裡告訴那個人：「我接受你就如你本來的樣子。」

某個你覺得不快樂的區域，也可能會對其他區域造成影響，你對自己的能量變得愈有意識，你生命中不順暢的區域就愈不可能被掩蓋起來。為了要體驗你所追尋的豐盛、活力與成長，盡力讓各區域的能量都保持順暢就有其必要性了。當錢不再湧進時，可能也正是你開始去做自己一直很想要做的新事物的時候到了，看看做哪些事可以為自己帶來喜悅、活力與能量，然後就去做它，那以後，你的能量就會開始流動，同時也將創造金錢的湧入。

我的錢一向都是進來的比出去的多

每個人都期待「湧入」，就是當錢進來的比出去的還要多。每個月你都會經歷幾次這樣的狀況，當你領到薪水或收到任何一筆錢，在花掉它之前，你先創造了錢的流入，你開始要認知，在你的生命裡，早已存在湧入的能量流，而你所要的，就是要有更多收入大於支出的日子。假若每一次你承認了自己，即使只有一天的收入是大於支出的，就會發現那股湧入之流逐漸在增強中，若是你已達到能持續的擁有剩餘金錢的狀態，那就恭喜自己！因為你已達到精通豐富的層次，花點時間來感激、欣賞、承認自己的成就。

在這樣的層次會面臨一些挑戰，其中之一就是——當收入大於支出的時候，你要將費用保持在遠低於你所增加的財富之下，因此當消退來臨時，你仍然有能力支付自己的帳單，你可能想要將多餘的錢存起來，直到你完全熟悉整個彰顯的過程，並且能在自己要任何東西的時候將它們創造出來。

不論你擁有多少財富，你很容易就會花掉比你所擁有的還要多的錢，而讓自己始終感到一無所有。有些人之所以無法體驗到富裕，就是因為他們花掉所有的錢，甚至要多出許多，或是在收入增加時，過度讓每月的費用激增，因此碰上金錢流自然消退的時刻，就會造成沒有足夠的錢來支付帳單的狀況。那些感覺自己是富裕的人，通常在花費上會比所賺的錢還要少。

有位男士每年賺進五百多萬，他開始運用視覺化想像自己在金錢方面的成功，短短三年之內，他吸引足夠的商業新點子，將它們付諸行動，一個禮拜只要工作三天，一年卻能多賺五千多萬。興奮之餘，他買下一棟豪宅、一輛大車及其他許多非常昂貴的物品，很快地，他每個月的開銷就已達到必須每年多賺五千萬才能負擔的程度，即使他的收入暴增，自己仍然覺得很貧窮，同時感受到金錢的壓力，所以當來年生意下滑，他立刻面臨了財務的困境，即使當時他一年仍然賺進四千多萬。

我允許自己去擁有超過自己所能想像的豐盛

當你的收入大於支出，生意的進展或金錢的獲得超過了你自己的預期，這時，你所面臨的挑戰就是持續要的更多。如果你說：「這真的太多了，再這樣發展下去，我就沒辦法處理所有的交易、工作或責任了。」如此一踩煞車，很可能就會煞過了頭，一旦正好又碰上自然的消退期，你或許會發現錢或生意減少的量超出了你的希望。

當你覺得自己被生意、工作、機會或金錢淹沒時，千萬不要去踩煞車，要挑戰自己去要的更多！對於可能擁有什麼這方面，你要讓自己縱情於不受限的思想中，同時要擴展自己的想像力。

當你處於「上循環」的階段，也就是由平平到湧入，記得要保持對獲得更多的開放，你要知道一旦有更多的生意、工作、機會、金錢來的時候，自然就會發展出新的方法、形式及架構來處理這些事，你有可能請人幫忙，變更自己所負責的工作內容，使你能和更多人交涉、聯絡。

在你變得更豐富時，你所面臨其中之一的挑戰就是，要如何處理眼前所有的這些選擇、機會及豐富。你會被挑戰去成長，和更多人交涉、接觸，做更多、更大的事，並接受更多的責任、權力及豐盛。

❖ 遊戲練習——讓能量流動

1.在現今的生活中你是否有任何不順遂，而希望能把它變爲更順利的區域？花點時間想像，你想要這個區域看起來如何。安靜下來，傾聽內在的指引看看你能做些什麼，讓你能在這個區域體驗到你想要的狀態，在明天，有什麼愉快行動是你可以做而開始去依循這內在指引的？

2.安靜下來，將意識焦點放到自己的肉體上，看看自己一直接收到能讓身體更健康、獲得更多能量的內在指引是什麼？明天，有什麼愉快行動是你可以做而開始依循內在指引的？

3.想想你的人際關係，也包括你和自己的關係，有沒有什麼地方不太順而你希望它能更順利的？想像你所希望的樣子（注意：你不能改變別人，只能改變自己。通常當你改變自己——像是你的態度、觀點、行動，別人就會改變他們對你的反應）。你自己能改變什麼來改善這關係？

4.現在暫停想像，讓自己完全放空，讓一些想法進入心中……一些你能做的，而且能改善這段關係的點子，你若願意就根據這些點子去採取行動。

第九章

行到水窮處

如果你正經歷著支出大於收入的低潮，千萬不要為此感到痛苦，也不要因此喪失自信，或是認定自己失敗了。處於低潮時的挑戰，就是你仍舊要相信自己未來的成功與富裕。世上的一切事物都是循環、有週期性的，所有階段也都是暫時的，因為每個低潮之後，接下來必定是另一波的高潮與湧進。

如果你的收入短時間內有減少，或是減少已有一陣子了，你一定要記住這樣的狀態也是暫時的，要把焦點放在由這經驗中所學會的事物。顯少有公司不曾經歷商業自然循環造成銷售的起落，當你彰顯的技巧愈來愈高、愈來愈純熟，便能在需要的時候吸引來任何自己所需的東西，而不會受到自然循環的影響。

你能利用消退期將生命中的金錢問題弄得更清楚，持續地去磁化與吸引，並不斷問自己：「處在這樣的狀態對我有什麼好處？」在這樣消退的能量流裡，總會有個讓你改變的更高理由。既然在消退的循環中你可能擁有更多空閒的時間，何不利用這機會來展開自己一直等著要做的事……像是獲取新知識、新想法、放鬆自己、嘗試新方法，或是度個期待已久的假期。你可能想看看自己在工作上是否有任何新的方向，同時將腦海中的點子加以探索，總會有方法可以脫離消退的狀態，你心裡有許多點子等著你去探索、嘗試，對自己的夢想、幻想及不斷輕聲向你召喚的那些你所熱愛的事，你都要特別去注意。

宇宙以極為完美的方式運作
而它向來也都符合我的較高善

在退潮時，你愈能感激、欣賞自己所收到的禮物，下一波湧進的速度就會愈快，聚焦在你所擁有的豐富上而非帳單上，看看你所開展出來像是耐心、信任及愛等新的靈魂品質，要記得焦點是什麼，就會創造出什麼。而每個「下循環」跟著來的永遠是「上循環」。回想過去某個你度過的金錢困境，看看那時自己所發展出來的內在力量及之後生活上的改變，當你回顧過去就會知道，經歷了每個消退之後自己的進步。

就像許多生意一樣，有時在賺錢之前你要先花上一筆錢。如果你現在的錢是花在未來能為你帶來成功、富裕的事情上，就把這當成是你用行動來證明信任自己未來賺錢的能力，不管怎樣，在評估自己的需求及預期未來收入上，你一定要誠實，去評估自己的技術、知識及市場，同時根據這些來做決定。例如，新的事業有時需要弄個高檔的辦公室、雇用員工、架設許多設備，之後卻發現營收根本不夠支付所產生的開銷。

債務代表我自己及其他人對於我未來賺錢能力的信任

如果你想要舉債，先問問自己內在的指引這樣做是否妥當，你之所以做出向前躍進的重大決定，進而使得財務負債增加的主要原因，就是因為此舉有為你帶來超過借款金額收入的可能性。倘若你借錢是為了支付每個月的費用，那或許表示你財務的基本結構出了問題，你確實可以靠借錢來支付租金，但是每個月租金還會到期，因此除了借錢以外，通常最好就是在可以持續創造出金錢的基礎上，想想其他的辦法。

有時情況似乎是必須靠借錢，才有辦法周轉、買所需的東西或做投資，假如你已經負債了，不要因這件事讓你無法感受到成功與富裕。如果你的債務似乎已到達無法管理的地步，如果你感到債務已超過自己能力所及，那麼，就讓自己回到原來那個相信自己有能力可以支付債務的信念中。在你借錢的時候，的確相信未來的收入足以支付這些債務；你要不斷為這信念注入新的活力、生命，寧可不要去擔心債務，同時，每個月你還要很高興地去償還它們……即使只是一點點，然後在心裡想像這些債務愈來愈少，最後終於被你還完了。

光是擔心債務是沒有用的。你可能寧願自己不要欠別人錢，但是這樣的想法並不能使你免除掉債務，除非你花心思想一些創新的點子，同時將它們運作出來，而不是花心思去煩惱。假如你沒辦法還錢，記得要和你的債權人保持聯繫，告訴他們你有償債的打算，同時也儘量地還錢，即使只是支付其中一小部分。你的債權人也會很高興有你的消息，而如果你能持續、規律地償還的話，通常他們也會很願意接受。

有一個家庭，先生遭到裁員，所以無法像從前一樣如期支付每個月的開銷，生活頓時陷入困境，他們的債權人紛紛打電話來，這位太太變得非常害怕接聽電話或是應門，因為不斷有人找上門來要錢，情況似乎很糟。有一天有人告訴她，如果去找那些債權人談談，告訴他們實際發生的狀況，通常都有商量的餘地。

這位太太並不認為這個方法管用，因為大部分的債權人都是大公司。不過，她還是勇敢地拿起電話撥給每位債權人，向他們解釋所遭遇到的噩運，同時，她也表示想要償還債務的意願，令她驚訝的是，所有債權人對她都非常客氣，也都很講道理，她向他們提出每個月支付每位債權人數千不等的金額，直到他們有能力支付更多，而所有債權人居然都同意了。

如果你已有負債而想要脫離欠債的狀況，首先就要清楚自己究竟欠多少錢，然後，如果你對欠債這件事有任何不好的感覺就去原諒自己，要知道你之所以借款，是因為你及借錢給你的人，都相信你未來賺錢、獲利的能力。在心中想像自己將債務完全還清的樣子，讓負債在腦海中出現「零」這個數字，以及「債款已清」等等字樣，並看見自己償還最後一筆貸款；讓整個畫面盡可能的栩栩如生，讓自己先去體驗將負債還完時的舒暢感。

不要擔心究竟要花多少時間才能將債務還清；它永遠會發生得比你所想的還要快。下次，當你準備好支付下一期貸款時，先假裝開一張全額償付債務的支票，將它放在一個想到就可以隨時看到它的地方。每一次你支付分期款項的時候，要對這些債權人心存感謝並送愛給他們——就因他們對你的信任。

有許多人是以銀行存款來認定自己的淨值，即使你今天戶頭沒有存款只有負債，你仍然擁有淨值……像是你的技術、知識、態度、教育、經驗、人脈等都是你的淨值。任何你所學習的，任何你所擁有的技能，都是未來收入的來源。過去的經驗與技能就是你的淨值，你能將它們轉換成金錢。

我所做的每件事都增加了我的價值

每當你領到薪水，你所用的方法就是以自己的經驗來換取金錢。每天你都會增加一點能轉換成金錢的經驗；你賺錢的能力漸漸強了。只要用對了自己的知識、技能及經驗，它們都是非常值錢的。在未來，你將獲取更多足以被用來創造金錢的技能，即使你現在處於負債中，你的淨值還是非常大的，只是尚未被轉換成金錢罷了。假如你是個靠助學貸款求學的學生，你現在就不斷地在增加自己的技能淨值，將來有一天，這淨值就會被轉換成金錢。你要不斷地成長、擴展，同時依循自己的道路，如此，就會不斷地累積自己的價值，一旦你成長之後，未來就可以賺進更多的錢來支付過去那些貸款。

當你處在幾乎無法支付帳單的存亡交關之際，千萬不要認為自己是失敗的，這僅僅只是你選擇來學習許多重要課程，以及體驗真正自己的方法而已，藉由這個經驗，你可以迅速地成長。也許你要藉著經歷欠缺、不足而學會自己是個值得擁有豐富的人。也許你會發現，真正生活所需的事物其實並不多，從而了解自己並不如所想的必須倚賴許多東西。

也許你學到的是，即使擁有的不多，仍然可以慷慨大方。也許你從中學會了信任、憐憫、謙恭等較高品質。也許從那些對你非常重要的事當中，你總算能釐清哪一些對你是真正有意義、有必要的，而哪些則是無意義且不必要的。也許你學會如何接受，或是如何在沒錢的情況下仍然感到充滿力量。一旦你了解、擁抱、接受這些課程之後，你就不需要再去經歷這些了。

所有的體驗都是讓我獲得力量、明晰及洞察力的機會

有些人處在存亡交關的狀況下，而將大多數的時間與精力，花在支付帳單及維持基本需求上。擁有足夠的錢是非常重要的，如此你就能將精力、能量放在人生志業上，而不致身陷於缺錢的混亂中。

在你專注尋找理想的工作或事業之際，或許會考慮先找個臨時工作，用這份收入維持自己基本的生活費用，將它視為權宜之計。在這個階段，你最好是到處看看，在不違背自己的原則、心意之下，找出最可能、最容易的方法來維持基本開銷。即使這份權宜的工作用不到你所擁有的全部技能，或並非你心中理想的工作，只要你對工作的環境及商業的活動還算滿意，在你做其他事的同時，這份工作可以先為你建立一個基礎。

經常煩惱金錢，會阻礙你創新、清晰的思維，將生活維持在能滿足基本需

求，能輕鬆地處理支出及帳單的水準上，將有助於自己去發現並快速創造出人生志業。你的靈魂並不在乎你擁有什麼職位、頭銜，只要能將愛及意識帶到工作中，你就會獲得精神、靈性上的成長。如果你決定找個臨時工作，不要認為你犧牲了自己的理想，你可能會發現，若是不用掙扎於存活交關的狀況下，就能更有成效地幫助別人。

一份臨時的工作也可能隱藏著驚喜……像是一位以後能幫助你的新朋友或一份新技能，或是以你不知道的某種方式，成為你邁向自己人生志業的一步。一份臨時的工作會給與你金錢、新的技能，及獲得一份你更為喜愛的工作所需要的機會。沒有任何經歷是毫無意義、浪費時間的；即使是個例行、制式化的工作，也都會教你一些你需要學習的課程，你只要確認這份工作不會耗盡你所有的能量及時間；因為你要留給自己足夠的時間，讓那個更大的目的動起來。

有些人寧可讓自己停留在存活交關之際久一些，因為他們認為找份暫時的工作就是一種妥協。你可能會認為，除了與自己人生志業有關的工作，其他無論做什麼你都無法接受，即使日子過得不是那麼充裕你也願意，直到你開始自己的事業為止。那麼你就要知道，是你自己決定留在這條路上的，不要隨意讓別人影響你，使你覺得自己是錯的，只要你確定足以應付生活的基本需求，你就可以獲得更多你所需要的時間來開始自己的事業。

生命就如螺旋一般，你一次又一次經歷著每一個階段，而每次你都會從愈來愈高的視野體驗那些階段。當你只有很少的錢，有許多你所學的課程，就是要讓你在金錢真正來臨時懂得如何輕鬆的處理，想要突破這一層，你可能就需要在身心的需求、花費以及錢的條件上，都維持一個簡單且不複雜的生活。想像自己就像在冬季被修剪枝葉的玫瑰花叢，這樣當來年的春天來臨時才能長得茁壯。好好利用這段時間滿足自己的一些基本需求，同時釋放掉一些不適合你的事物。

只要認出恐懼，就能改變它們

當你不知道支付帳單的錢要從哪裡來，或是你非常清楚有助改變現況的步驟，卻害怕去行動時，那麼你要處理的就是恐懼，只要你願意、打算釋放恐懼，它會比你想像中好處理些。其中一種釋放恐懼的方法，是具體認出自己究竟在害怕什麼，如果你怕的是財務問題，那麼就運用想像力，問問自己：「如果這個月我沒有付這些帳單，最壞的結果會是怎樣？」之後再用那個答案繼續提問：「如果真是這樣，那最壞的情況又會怎樣？」最終，你將會觸及到內心深處的恐懼，只要認出了那個恐懼，你就能釋放掉它。如果最壞的結果可能是失去工作、沒有錢，然後餓死，就要先處理這些恐懼。只要認出自己的恐懼，就能改變它們。一旦處理了恐懼，你會知道什麼行動才是比較適合的，並且能去做它。當你面對恐懼時，不要把它們膨脹得比你自己還大。一旦知道了最壞的結果，你大概就知道自己其實是有能力處理的，而這個最壞的結果也不像是真的會發生。

這裡有個例子，有位女士想要自行創業，但始終無法達成；她知道自己對這件事是有恐懼的。她問自己：「創業最壞的結果是什麼？」答案是：「沒有任何生意，沒人付我錢，然後我會沒辦法支付貨款、費用。」她接著再問：「如果真的這樣，那麼最壞的結果又會怎麼？」她回答：「我如果沒有錢可以支付貨款、費用，就會失去我的房子。我的孩子會沒飯吃，我們都會挨餓。」她再問：「如果這真的發生了，那麼最壞的結果又會是怎樣？」「我會失去一切希望。我會死。」她這樣想。

一旦她了解了自己的恐懼，就會知道最壞結果發生的機率是非常小的，因她知道起碼她的兄弟姊妹或父母會送來食物。將那最壞的恐懼帶到表層，似乎也喚醒了她自身的力量，因為你內心每個感覺害怕的部分，在那當中，也必然有一部分知道你是可以成功的。

我將愛傳送給我的恐懼
恐懼就是我內心期待愛的地方

拿剛剛那相同的狀況來想像會有最好的事發生。每個你內在的恐懼代表著你此生所要開展的區域，代表著你要將這個區塊帶到光中，將其中的負面能量轉化成正面。當你將恐懼向上帶到意識的光中，恐懼就會喪失力量。只有當它們潛伏於你內心深處時，才能讓你規避去做對自己較高善有貢獻的事。

知道了每個恐懼之後，你就會接到如何釋放掉這些恐懼的指引，其中一個你能給與自己最棒的禮物，就是檢視生活中一再發生並使你產生痛苦與掙扎的狀況，將隱藏於其中的恐懼帶入光中，不將恐懼深鎖在內心會給你帶來極大的禮物，並且開啓你無限的潛能，因為每一個恐懼掩蓋了許多新的畫面、新的洞見、關於真正的你，以及你所能成為的人的一些啓示。如果你害怕擁有足夠的錢來做自己想做的事，那麼像是環遊世界、擁有一個不錯的家，或是財務獨立等想法，大概就從來不曾來到你的意識中。釋放掉自己的恐懼，將會開啓你所有領域的成長及潛力。

認出恐懼，將它帶到靈魂的光中是另一種釋放恐懼的方法。想像自己逐漸接近代表靈魂的藍色冷火焰，並請求你的火焰釋放、清除、治療你的恐懼。釋放掉那些不是為了你較高目的的事物，請求它們離開你。你所需要做的只有請求，你的靈魂會立刻開始引領你，到那些能幫你釋放掉恐懼及害怕的事物那裡，如果你覺得已經準備好要放掉恐懼，就去請求靈魂幫助你放掉它。記得要對有創意的新方法敞開，使你能達到釋放恐懼的目的。

你並非恐懼的本身，而是個體驗它們的人，所以與其說：「我有恐懼，我是恐懼的。」還不如改口說：「那恐懼的感覺正通過我，而我很容易就能讓它離開。」提醒自己，有一部分的你感受到害怕，而這僅僅是極小部分的你。

藉著傳送愛給自己的恐懼思想，認定它只是個害怕的小孩，你就能學會認出那較強的自己，並且與其連結。問問那個恐懼，有沒有任何訊息要告訴你，或是有什麼要你注意的，一旦你去愛並釋放掉自己的恐懼後，你就能向前邁進，同時當你去要求豐盛（那是你的權利）時，它就會來得更快速些。

我談論自己的成功與富裕
我的話激勵且提升了其他人

想要增加自己的富裕，就要談論自己的豐富。語彙的使用非常重要，你所說的每件事，都有潛力創造出自己所經歷的實相。宇宙會對你正面的話語有所回應，即使你現在還沒有擁有某樣東西，如果你開始談論它，同時行事的感覺像是你十分確信會擁有它，就會吸引來一些狀況，使你真正能擁有它。你的話會影響潛意識，它聽見你所說的話，並直接根據這些話來工作，讓你所說的變成是真的。「我沒有足夠的錢」這樣的話會直接到你的潛意識中，而開始創造出金錢的匱乏。例如你看到一件東西的價格超越你的負擔，你寧可說：「這次我選擇不買。」也不要說：「我沒錢買。」

最好不要和別人談到自己的失敗與財務危機；如果你現在沒有錢，不要抱怨自己的匱乏，和別人談談自己的願景及夢想，談談現在生活上好的一面，以及自己對未來感到正向的部分。與別人談談你的自信及對自己的信任，而不強調自己的匱乏。你的朋友們心中有個關於你的圖像，每當你想到自己，你就會用到那個圖像。若是你告訴別人的是你的富裕成功，朋友們腦中關於你的就會是正面的圖像，無論何時只要你想，就能接上這心中的形象。如果你現在沒有錢，當你談論的時候，就要像是自己已經擁有金錢的感覺。

我活在一個豐富的世界中

在我的世界裡，一切都是完美的

若是你現在感到錢不夠，就假裝自己已經有了所需要的數額，讓豐盛的感受進入自己的身體。你的潛意識無法辨識真的發生與想像之間的差異，因此潛意識會非常高興，將你的幻想在外在世界中為你將它創造出來。運用第四章磁性化的練習，同時持續地吸引你所要求的，使用給與你們的那些指導方針，創造一個豐富的視野，很快地，它就會被反映在你的外在世界中。

你可能想要靜坐，問問內在那個智慧的你，給自己一些訊息，告訴你任何你可以做，以增進成功富裕的事。如果你沒有獲得任何訊息，假裝你所要求的已經在來的路上了，先感謝宇宙與大我送來你所要的，持續日常的活動，就好像你所要求的東西確實已經來了，無論你是否憂慮，它都會來，讓其他事占滿你的思緒與時間。現在，你可能想要看看心中是否有任何進一步的聲音，或是需要被注意的訊息……去處理它們，然後讓心思重新回到生活上你所要做的下一件事情中。

你所需要做的，就僅僅是一天一次，看看有什麼可以做以增加金錢的事情，有許多人迷失在自己偉大的願景中，持續地感覺到這些願景所帶來的壓力，甚至因尚未完成夢想而感覺自己是個失敗者。你並不需要這樣想，只要簡單的將心思專注在今天所要做的事情上，總有你可以做的事來展示你對自己未來的信任。無力感發生的原因大半是因為你活在未來，擔心未來某些時候會空乏，你無法改變未來，除非今日你有所行動，所以何不將焦點放在今天能做的事情上，用它來創造成功與富裕。

眾所皆知，即使是大計畫也是一天一點逐步形成的，事實上，一個大型計畫通常最好要逐日逐月看著它不斷地被創造出來，持續地把焦點放在下一步上。創造夢想需要耐力、毅力與決心，要相信無論你現在經歷什麼，對你的成長都是最完美的，即使你要求的是豐富但歷經的卻似乎是完全相反的，你也要了解，體驗完全相反的情況，能使你滋生出向前大躍進所需的能量。

❖ 遊戲練習——脫離生死存亡交關之際

1. 如果你現今處在生死存亡交關之際，問問自己：

a. 處在這樣的狀況中讓我學到了什麼？

b. 它以什麼方式讓我變得更堅強、更有力量？

c. 我開展了什麼樣的品質？

d. 我發現了生命中什麼眞正重要的事？

2.如果你正處於生死存亡交關之際，而感到身陷其中、無法跳脫，就照著以下指示去想像：

a.假裝置身於一個盒子中，或假裝在你和自己所想擁有的之間矗立著一道牆。

b.這盒子看起來如何？是什麼材質做的？牆有多厚？

c.現在，如果你想像的是盒子，就去想像你在盒子上開了許多窗與門，想開多少門窗就開多少，直到你覺得自由舒暢……或是給自己任何適合的工具來拆除那道牆，讓矗立的牆倒下，直到你感到滿意，感到自己可以輕易地到達牆的另一邊——擁有你要的。用象徵來運作，可以爲你的生命帶來深遠的改變，每次做這個練習，那些代表盒子或是牆壁的事物就會開始改變，同時新的機會也會到來。

第十章
信任最好的會發生

信任就是打開心，相信自己，也相信宇宙的豐盛。信任就是知道宇宙是友善、充滿愛，並且支持你的較高善的。信任就是知道自己就是創造過程的一部分，相信自己有能力把想要的事物吸引來。

宇宙是安全、豐富、友善的

幾乎所有的人都曾經歷過金錢的疑慮——懷疑自己的錢是否足夠、能否持續的擁有金錢，或懷疑是否有能力完成財富的目標。即使是那些已經擁有巨額財富的人，同樣也會經歷相同的疑慮……想著錢會不會持續進來，或是自己能不能持續地保有財富。你不要因為擔憂錢的問題就認為自己不對、不應該，你要改掉煩惱錢這個習慣，否則，不論你實際上擁有多少金錢，都會繼續煩惱下去。

一般人最初之所以會想到錢，是因為他們察覺自己所擁有的金錢數目，已然是個問題了。其實對金錢的疑慮與你擁有的金錢數目，並沒有直接關係；而花多少時間煩惱，與能創造出多少錢之間，也沒有直接的關連。如果你決心只在自己覺得有自信、內心感到寧靜時，才去想錢的事，那樣就能增強吸引的磁力。

如果你煩惱錢，就用些方法來增加自己健康愉快的感覺，而不要再想錢的問題，不要問：「我今天需要多少錢？」而是問問自己：「今天我要如何創造金錢？」把焦點放在創造金錢上，與焦點在需要錢上所送出給宇宙的能量之間，有著極大差異。你寧可把焦點放在創造金錢上，因為對錢具有磁力，而需要錢就沒有這樣的磁力。

如果你已採取了合宜的行動，在你仍注意著內在指引進一步的行動指示期間，不妨先將焦點轉移到其他事物上，問問自己：「現在可以做些什麼事，來增進我身心健康愉快的感覺？」做些能建立愉悅感覺的行動，那會使你心曠神怡、精力充沛，進而改變你的心智狀態，使你能對自己的財務充滿著正面的想法。一旦身心舒服之後，你就更能去傾聽內在的指引，想到一些嶄新、有創意的點子。

我只期待最好的結果發生
而事實果真如此呈現

信任——就是期待最好的結果產生，相信自己創造事物的能力，知道自己值得擁有想要的東西——信任可以用許多方式展示。信任可以展現在去相信一件事，即使當時外在世界反映出來的似乎並非如此。信任也能展示在訴說自己豐富，即使當時周遭還看不見豐富的影子。

光是坐在那裡窮相信是不夠的，你要去展現自己的信任——你要傾聽內在的指引，並且依據指引來行動。你活在一個形式與物質的世界，所以行動就是你和擁有之間的一個有形連繫。你能將自己的點子付諸行動，觀察其反應、回饋，然後看看結果如何，用這樣的方法開發自己的信任。每一回當你願意冒險，就會增強相信自己、信任自己的能力。信任與希望是不同的，信任是相信並且知道自己所要的一定會來；而希望則是心裡雖然很想要某樣事物，但卻不見得真的相信它會來。

你要行為得好像自己已經有足夠的錢，能負擔任何自己想要的東西。有多少次，你曾遲疑、拖延去獲得一樣東西，因為你認為自己沒有錢，但真的買下它之後，才發現你其實是負擔得起的？

如果你想要一樣東西，就出門去看看，在腦中想像獲得它的感覺，並且採取行動。通常你要不是發現花費在上面的錢比想像中的少，或是朋友把他（她）們用過的送給你，就是你會以另一種意想不到的方式獲得它。採取行動來向宇宙展示你想要某件事物的意圖，那個行動或許不能直接為你帶來金錢或是那樣東西，但是，你的意圖就是向宇宙發出信號，要求它開始為你帶來你想要的。

假設你想要一棟房子，而你認為自己沒有足夠的錢去買，與其就這樣放棄，倒不如去行動，就像你已有了這筆錢……你可以開始想像理想中的房子或是公寓，四處看看房子（就像有一筆可以買房子的錢），一再地在腦中勾畫出心中完美房子的樣子，即使在一開始時你沒有錢，但你想要一個新家的意圖，就會創造出一些可能的改變。當你的意圖向外來到這個宇宙，對某些人、某些事你會變得具有磁力，你能吸引來機會……而這些機會在你不清楚自己的意圖以及沒有採取行動之前，是不會存在的。

有位女士就是用這種方法找到位於舊金山的公寓……當時別人都告訴她，要找到月租低於五百美元、和工作室的價位一樣的公寓是不可能的，但是她就只負擔得起兩百五十美元的月租，她希望這公寓能有一間臥房，離她市區辦公室在步行的距離內，還要有個小小的陽台或是通道可以讓她的貓活動、進出屋內（有許多地方甚至不接受寵物）。她的朋友都不相信她可以找到符合她條件的房子，但她並沒把朋友的話放在心上，這位女士只有兩個禮拜的時間可以找，所以她開始在心中清楚勾勒出自己想要的條件，她不斷的告訴自己這很件事很容易，並在心中想像那個具備所有條件的公寓，也運用能量、磁力將它吸引過來。

有一天，她內心有個強烈的渴望想出去散散步，她經過一棟小建築物，在那棟建築物前的台階上坐著一個婦人，不知道為什麼，她心裡覺得想要告訴那位婦人自己正在找住的地方，相談之下才知道那位婦人本身就是個房東，而她的公寓就位於這棟建築物裡，因為不喜歡之前的房客，所以她決定除非找到合適的人，否則就不再出租了（那間公寓已經空了兩年）。她們談得極為投機與融洽，最後那位房東同意讓她搬進來，不但不用押金，而且允許她養貓，房子的月租正好就是兩百五十美元，巧的是從這裡到她的辦公室真的只要步行就可以到了。

信任是心智世界與物質世界間的連繫，它允許了一個想法從概念開始，到被彰顯成物質實相，在這段時間的連續性。你要明白在內心世界裡，你的夢想早就已真實的存在了，只是在等待著適當的時機，使其能在物質實相中被呈現出來。你要信任大我會在最恰當的時機，帶來最適當的事物。

我信任自己在持續增強創造豐盛的能力

你知道當自己走在正確道路上時會是什麼情況──那時門會開了、人會出現了，而巧合也會發生了；然而若是你走在不屬於自己的路上，或是沒去追求個人的較高目的，整個情況就會像走在泥濘上一般，沒有一件事是順利的。

當你依循自己的道路，你的能量是流動的，而人生通常也會比較順利、輕鬆。這並非表示你不需要跨越任何障礙，挑戰在於，你必須要知道，這些阻礙是否表示你需要重新檢視自己所走的路……或許尋找另一條路的時候到了，或許這些障礙只是為了要幫助你開展自己的堅持與耐力，這當中沒有所謂簡單容易的答案，全都需要靠你的經驗及自我覺察的程度，來掌握什麼時候該向前推進，什麼時候該採取另一行動方針。

有種方法可以辨識阻礙究竟是屬於成長的部分，還是提醒你該去尋找另一條路，那就是要看看你想完成什麼。如果你對自己的目標，或是對克服眼前的障礙感到愉快，知道跨越之後會為自己帶來想要的東西，那麼，面對阻礙並跨越它們可能就是合適的。有些人發覺阻礙是種挑戰，因為克服之後會增加自己的成就感，特別是當他們真的獲得了自己所要的東西之時。

如果你持續專注在自己想要的事物上，並採取任何看來似乎很合適的行動，那麼阻礙大概就會開始化解、消失。如果克服這些障礙對你似乎存在著極大的掙扎，那麼，這大概也是告訴你，除了這個方法之外，你還可以有其他更好的方法來完成目標，通常那些你看起來像是障礙的狀況，會引導你朝向另一個方向，結果使你因此發覺一條更好走的路。阻礙也有可能是出現來保護你的，使你不致去採取一些不夠成熟的行動，或者提醒你去注意某個不曾察覺到的事情。阻礙也會提供機會，讓你去處理那些在你採取下一個步驟前需要先被處理的事。

再舉一個例子，有位女士想要搬家，因為樓上的鄰居實在很吵，她連續找了好幾個星期的房子都沒什麼結果。她在內心持續肯定的告訴自己，心中那個完美的家已經存在於自己的生命裡了，她繼續勉強自己克服所有的障礙，即使所有障礙似乎都在告訴她，其他的路、其他行動也許會更適合。幾個禮拜後，原來住在她樓上的人居然搬走了，而且還搬進一個很安靜的鄰居……最後的結果是她根本不需要搬家……她終於了解到，為什麼每一次試圖找房子時總是很不順利，而且決心要去克服的阻礙也總是讓她感到掙扎。她認清除卻吵雜的聲音之外，自己喜歡的其實就是現在的房子，她真的也不想搬家。

我接受成功與豐富進入自己的生命中

當你要求某樣遠超越你現今所擁的東西，像是財富的劇增等，它可能就需要花些時間才能到來，因此，你能有充分時間準備、處理。將你自己想成某種速率的振動，而你現在所擁有的金錢數額能夠與你的振動速率和諧，如果你突然間需要經手一大筆錢而沒有足夠的準備，那麼這筆錢的振動必定會使你的振動失衡。你曾經聽說過一些贏過許多錢的人，在幾年內就花掉所有贏來的錢，重新又回到原來的生活、財務狀態；卻也有別的贏許多錢的人，贏錢之後的生活並沒有太大的改變，因為，這一切發生離那些人能泰然自若地處理這一大筆錢，及對重要改變做好準備，還早了好幾年。

及早做好擁有愈來愈多金錢的準備是非常重要的，因此，當有一天錢真的來的時候，就不至於使你往後的人生失衡。在你獲得大量金錢之前，你能用穿上大數額的金錢能量的方式，來加速適應的過程，運用心靈的力量來調節自己的能量，直到你能對大數額的金錢能量感到舒服、自在。

很多時候，由外在看來似乎沒發生什麼事，但其實你內心正經歷著許多改變，以使你對自己所要求的事物做好準備。等待金錢來臨的時候，你要保持對自己吸引來想要事物的能力的信任，同時了解每件發生在你身上的事，就是讓你準備好去擁有它，幫助你改變自己的振動以符合即將到來的豐富之振動。

我信任每件事會在最好的時候，以最好的方式來到

新事物的到來需要一些時間，然而很多人卻太早、太快就放棄了。你的目標愈大，跨越的步伐就會愈大，相對的，就可能需要更長的時間才能擁有你所要的，那是因為要把你從現在所在之處，帶到你想要到的地方，是需要某些行動、步驟及讓一些事情發生才能辦到的。你能運用能量來加速這個過程（如一般磁化練習步驟六所說的）。在你等待某樣事物到來的同時，要肯定自己的信任，開展自己的勇氣，對於那些你受到的指引，所應當採取的行動與步驟，要學會讓自己照著那些指引去做。

事情出現在對的時間也很重要……也就是在你準備好的時候。如果你想要的事物來得太早，整個狀況對它或許就不會是個能開花、充分展現潛力的好時機；但若是來得太晚，又有可能會讓這事錯失充分開展的機會。這就像是一顆決定在冬季過半後才來臨的種子，這對植物來說種子來得太早了，因此幼苗可能就無法強韌得足以在寒冬中存活，但若是種子等到夏末才來（來得太晚了），那麼在進

入秋冬之前，植物就可能沒有足夠的時間發育完成。時機真的是很重要，而你的大我會在最好的時間帶來每樣事物。

如果你回顧過去有某件你想要卻不曾獲得的東西，你大概就會了解，在當時，那樣東西對你並沒有幫助。有些你想創造的，有可能還會成為你的阻礙——如果你創造的時機或是形式不對的話……在你將它們創造出來之後，你可能反而需要擺脫它，或許還會因需要花能量與時間去釋放，導致你無法集中精神在自己的道路上。

信任的開發是相當重要的。持續的將目標放在心上，寧願穩定地朝著它運作，也不要期待快速的成果。或許你不總是那麼清楚明白內在指引要引導你的方向，而某些你覺得是被指引的行動，也未曾獲致預期的結果，但是你一定要信任自己的內在訊息，引導著你朝向自己的目標（即使當時你並不知道它要如何指引你到達那目標），你要相信你一定能獲得自己所要求的……如果你所要求的是為了你的最高善的話，而每件事的發生，都是為了幫你將你所要求的帶來給你。你不要用立刻就獲得多少金錢，來評估自己努力的結果，而是要用你有多喜歡自己所做的事，以及你的行動對自己的人生所貢獻的價值來評估。當你繼續跟隨自己內在的指引，同時做對自己有意義的事，你就能夠創造出你的夢想。

你在創造豐富旅程中所經驗到的每件事，都是來幫助你開發出某些你所需要的特質，使你能夠吸引並擁有金錢。記起那些你充滿信任的時刻——你那時的處境或許比現在還糟，可能你根本不知道要怎麼去付那些帳單，但是你相信你可以而且真的就度過了。如果你相信錢一定會帶來結果卻沒來，這時你就要相信會發生這一切是為了你的好處，即使你現在還不明白為什麼……也許因為無法擁有某樣事物會把你推向另一個新的成長領域。

你有可能還在獲得自己所要求事物的過程中，或可能已經得到了它的本質。每樣你所吸引來的東西都在教你某樣事情，同時對你的成長及活力有所貢獻。你並不需要每次非得透過有形的結果才能獲得這些領悟，你光從想像擁有某樣事物或許就能學會這些課程，而不需要在有形的物質實相中將它創造出來。如果你還沒收到自己磁性化與吸引的東西，就再次去看看你所要的本質，看看自己是否真的沒有以其他某種方式獲得那本質，如果沒有就要再次回頭看看，當初為什麼要這東西，把它創造出來的真正的目的是什麼，同時檢查那目的是否以其他方式被實現了。

如果某樣你想要或是需要的東西，真的符合你的較高目的，那麼它就一定會來。你不要認為所要求的事物沒來是自己的過失，覺得是自己努力不夠或是先天彰顯的能力不足，要知道除了這個宇宙是愛的宇宙之外，你所要求的事物之所以沒來的唯一原因，就是因為它並不符合你的較高善，或是在現在那樣的形式並不適合你。

我臣服於自己的較高善

財富創造的最後一項舉動就是要釋放，臣服於自己的較高善。是讓事情以它們的方法、它們的時間來發生的時候了。信任就是知道你的內在存在著較高力量，這力量會協助你在最適當的時候以最好的方式帶來你所要求的。臣服指的就是在創造過程中不要加入憂慮或害怕，只要為結果負起責任，同時期待最好的會發生。

不執著也是相當重要的。不執著是一種心的釋放，就像臣服是種情緒上的釋放一樣。如果你覺得少了某樣東西就活不下去，你身心的愉快都仰賴它，那麼實際上，你就等於抵制了自己的渴望。但若是你沒有執著在需要擁有你所要的這件事上，你就能更容易的將它創造出來。有句話是這麼說的：「你是不可能『擁有』的，除非你不再『需要』。」這句話和不想要是不同的，你釋放是為了要完成自己所要求的，要信任任何來到身邊的，都是為了符合你的較高善，即便當時你並不了解為什麼。

宇宙是以極其完美的方式運行。你能觸及宇宙的完美，學會信任宇宙充滿愛，並不斷教導你成長與擴展所需之事物。不管你生命中發生什麼事，每一種情況都在教會你所需要學習的，使你能變得更有力量。每件事的發生都以某種方式在幫你展現自己偉大的潛能，喚醒你內在的力量，同時進展到一種新的精練層次。你可以學會認出每種境況所教會你的事情，當你認出自己所學習的，就能快速地通過，並且是愉快而非掙扎的度過。這個宇宙真的是個仁愛、寬厚、豐富、關懷的宇宙，總是會給你一些對你最好的事物。

❖遊戲練習——信任

1. 運用兩、三分鐘的時間，盡可能列出那些你曾要過、想像過、幻想過要擁有而且也眞的得到的東西。

2. 回想其中的一些項目，當時你對獲得它內心所存有的信任。描述一下那信任的感覺，你等著它到來時心中的感覺如何？或是你做了些什麼來肯定自己的信任？相信那些東西一定會來。

3. 盡可能列出你現在所想要的事物，有哪些是你相信自己一定可以創造出來的？

4. 從名單中挑出一項，你要採取什麼行動來展示自己有獲得它的信心？

第十一章
奇蹟來自於愛

奇蹟來自於愛，它由愛所創造出來，也透過愛將它吸引過來。回想你為某個人所創造的奇蹟，也許是你給某人一件對他非常有價值的東西，因為你知道那是他所需要的，記起那時你在內心對他所感受到的愛。奇蹟固然是來自於你內在的愛，但同時它也會帶給你愛，對方必須願意接受你的禮物，才能使整個能量完成，如果他無法接受，就不會有奇蹟產生……因此在宇宙為你帶來奇蹟之前，你必須要有開放接受它的能力。

當你想給與或收到愛與奇蹟，你所要做的，就只有給與或接受的意圖。

……將意識延伸至你最高、最寬闊的視野，在自己的體驗中創造品質，每個人都是一團愛的能量，都能創造出任何自己所選擇的。奇蹟來自於你的愛，如果你願意打開心來愛自己、愛別人，生命本身向來都是奇蹟，你開放與愛的程度，就是奇蹟會來到你身邊的程度。

你可能看過某個身心障礙的孩子，因父母的愛而創造了奇蹟般的成果……克服了醫藥所無法治癒的殘障。奇蹟會發生在當你願意接受或給與愛的時候，奇蹟是宇宙及靈魂愛你的示現，如果你有任何想要的東西，就去運用想像力，然後打開自己的心。

每一天，我用行動來展示自己的愛

當你買了東西，然後用帶著愛的感覺來付款，你就創造了更多讓金錢進來的方法。愛的狀況就是接受宇宙豐富的狀況，你送給這個世界的愛愈多，就會收到愈多的豐富與奇蹟。每一次你支付帳單或是收到錢，都要把它當作是一種愛的禮物，將每個金錢交換當成是將愛散播給周圍人的一個機會。

有時候是你自己的頭腦阻礙了奇蹟的到來，頭腦對於訂定計畫、設定目標及想像是相當擅長的，但是你若想加速奇蹟創造的過程，在你運用能量吸引某樣事物之後，就要打開你的心，去信任自己、愛別人，同時每一天用行動來展示自己的那份愛。

盡可能給與人們愛，要溫良仁厚，言語中要充滿愛的話語，將寬恕延伸至那些尚未尊重你的人，抱持著對別人的愛的思想，同時在每件所做的事情中，都去尊重這些愛的原則……不要批判，而是在每個當下都找到新的機會去愛，要記住，當周圍的人都愛你的時候，你很容易就能愛，但是你的挑戰就是要去愛身邊那些不愛你、不可愛的人，當你用愛與慈悲對待他人，你就會為自己吸引來機會、錢、人、奇蹟以及更多的愛。愛會將你放在一個更高的能量流中，為你帶來更好的事物。當你打開自己的心，便會對好事與豐富的增加變得更有磁力。

奇蹟就是愛的作用

奇蹟就是出乎意料的帶來遠超過自己預期的結果。通常當你放掉執著、相信自己的內在指引之後，奇蹟就會發生。它們之所以會發生，是因為你向內在最深層的生命請求協助，危機經常會創造出奇蹟，因為危機呼喚你靈魂最深層的部分進入意識裡。靈魂總是眷顧著你，送給你愛，帶給你指引。當你寧靜下來，進入自己的內在，將意識延伸至靈魂，連結靈魂，請求幫助，答案就會出現，而奇蹟也會發生。你會想學習如何進入生命深層的部分，而不需要去製造危機。奇蹟就是你向內觸及靈魂的結果。

如果你想要某樣東西，請求你的靈魂用一種對你展示信諾以及愛的方式提供給你。然後你要開放地接受，同時當你所要求的東西來臨時，也要願意認出它來。每一次當你接受了來自於他人的愛，每一回當你開放地接受來自於宇宙的愛，你便啓動了創造生命奇蹟的運轉。

我連接宇宙無限的豐富

當你無法從平常的來源獲得金錢時，就請求從其他的來源獲得。讓錢從這世上其他的地方、其他人或其他預料之外的來源獲得。當你環顧四周，卻看不見自己獲得想要的事物，這時，你就要開始要求為你打開所有能獲得金錢的管道。如果你決心只透過某種來源獲得某樣東西，就切斷了其他能讓金錢進來的方式。

你同時要記得，現今你生活上所面臨的狀況，是可以在一夜之間轉變得更好的。改變你的財務狀態並不需要花很久的時間，除非你相信改變是需要花時間的。或許你能回憶起自己有那麼一次在金錢方面有煩惱，結果第二天發生了某件好事，就解除了你所有的憂慮。如果你現在感到有財務壓力，要記得這狀態只是暫時的，情況會有所改變。

回想你所記得的幾次，你以超乎意料之外的方式，獲得金錢或是某樣事物的種種，它們看起來就像是奇蹟一般。你愈願意持有正面的想法去傾聽內在指引，並據以行動，愈願意相信自己，並獻身於自己的較高目的，你就愈能吸引更多的奇蹟。

生命就是一個最偉大的奇蹟——你本身就是個奇蹟。你能創造出任何自己所想要的……那又是另一個奇蹟。沒有任何障礙與限制阻礙你去擁有，而唯一的限制會是來自於你自己——你能為自己想像、要求和相信自己可以擁有的能力。

❖ 遊戲練習——期待奇蹟

1. 寫下你所記得以很特別的方式獲得金錢、事物的時候，當時你似乎感覺有股神聖的力量在干預，或是以你完全意想不到的方式，就好像奇蹟一般。

2. 你現在希望任何奇蹟出現嗎？你開放地接受這奇蹟嗎？現在就去請求奇蹟來到你的生命中。

——歐林光的智慧系列叢書——
Orin Series

喜悅之道

個人力量與靈性成長之鑰

Living with You

歐林，是一位生活大師，提供了選擇追隨「喜悅之道」的人一個切實的「方法」，只要你心中有困惑，隨手翻閱本書的任一頁，都會找到正適合你、呼應你的答案，就像你的心靈正溫柔地提醒你、肯定你一樣。

——中華新時代協會創辦人　王季慶

珊娜雅・羅曼Sanaya Roman著
王季慶　譯
定價220元

創造金錢

（下冊）

協助你開創人生志業的訣竅

Creating Money

《創造金錢》是一本敲碎藩籬的書，打破人們對物質成就與靈性追尋之間二元的想法。它是一本指導手冊，幫助人們踏上靈魂在地球的豐富之旅。如果《喜悅之道》是一本療癒治療師與教導教師的書，那麼《創造金錢》是爲了成就實業家，化無限能量爲實際效益，而豐富人間豐盛成功的一本書。

——羅孝英

珊娜雅・羅曼(Sanaya Roman)＆杜安・派克(Duane Packer)著
羅孝英　譯
定價200元

心靈成長 ⑨⓪

創造金錢（上冊）

——運用磁力彰顯財富的技巧

原著書名／Creating Money : Keys to Abundance
作　　者／珊娜雅・羅曼（Sanaya Roman）& 杜安・派克（Duane Packer）
譯　　者／沈友娣
總 編 輯／黃寶敏
執行編輯／郎秀慧
行銷經理／陳伯文
發 行 人／許宜銘
出版發行／生命潛能文化事業有限公司
聯絡地址／台北市信義區(110)和平東路3段509巷7弄3號1樓
聯絡電話／(02)2378-3399
傳　　真／(02)2378-0011
E-mail／tgblife@ms27.hinet.net
網　　址／http://www.tgblife.com.tw
郵政劃撥／17073315（戶名：生命潛能文化事業有限公司）
郵購九折，郵資單本50元、2-9本80元、10本以上免郵資

總 經 銷／吳氏圖書有限公司・電話／(02)3234-0036
內文排版／普林特斯資訊有限公司・電話／(02)8226-9696
印　　刷／承峰美術印刷・電話／(02)2225-7055

2005年12月初版
定價：200元

ISBN: 986-7349-20-2

行政院新聞局局版台業字第5435號　如有缺頁、破損，請寄回更換

國家圖書館出版品預行編目資料

創造金錢（上冊）／珊娜雅・羅曼（Sanaya Roman）&杜安・派克（Duane Packer）著；沈友娣譯. --初版. --臺北市：生命潛能文化, 2005〔民94〕
面；　公分. --（心靈成長系列；90）
譯自：Creating moeny :keys to abundance
ISBN 986-7349-20-2（平裝）

1. 成功法　2. 金錢心理學

177.2　　　　94022087